复杂油气田文集

（2020年　第一辑）

董月霞　主编

石油工业出版社

内 容 提 要

本文集收录了中国石油冀东油田公司等单位近期科研成果,包括地质勘探、油田开发、钻采工程等方面内容,具有较高的理论水平和实践指导意义,对我国复杂油气田的勘探与开发具有一定的参考价值。

本书可供油田地质人员、开发人员、工程技术人员和石油院校相关专业师生参考使用。

图书在版编目(CIP)数据

复杂油气田文集.2020年.第一辑/董月霞主编 .
—北京:石油工业出版社,2020.4
ISBN 978-7-5183-4054-5

Ⅰ.①复… Ⅱ.①董… Ⅲ.①复杂地层-油气勘探-
文集②复杂地层-油气田开发-文集 Ⅳ.
①P618.130.8-53②TE3-53

中国版本图书馆 CIP 数据核字(2020)第 097837 号

出版发行:石油工业出版社
　　　　　(北京安定门外安华里2区1号　100011)
　　　　　网　　址:www.petropub.com
　　　　　编辑部:(010)64523736　(0315)8766573
　　　　　图书营销中心:(010)64523633
经　　销:全国新华书店
印　　刷:北京中石油彩色印刷有限责任公司

2020年4月第1版　2020年4月第1次印刷
889毫米×1194毫米　开本:1/16　印张:4.75
字数:150千字

定价:25.00元

复杂油气田文集

2020年 第一辑

主　　编　董月霞
副 主 编　马光华
地　　址　河北省唐山市51#甲区
　　　　　冀东油田公司勘探开发
　　　　　研究院
邮　　编　063004
电　　话　(0315)8766573
E - mail　fzyqt@petrochina.com.cn

目　次

Complex Oil & Gas Reservoirs

APR. 2020

CONTENTS

· PETROLEUM EXPLORATION ·

· OILFIELD DEVELOPMENT ·

· ENGINEERING TECHNOLOGY ·

· GENERALITY ·

· ABSTRACT ·

南堡 4 号构造带中深层岩性油藏勘探与实践

吴琳娜　　吴海涛　　张冬梅　　程丹华

（中国石油冀东油田公司勘探开发研究院，河北　唐山　063004）

摘　要：针对南堡凹陷南堡 4 号构造带中深层岩性油藏增储上产的问题，以岩性油藏勘探理论为指导，运用"构造背景研究，寻找岩性圈闭发育的有利区带；层序地层格架研究，确定岩性圈闭发育的有利层系；沉积体系研究，寻找岩性油藏发育的有利目标；已知油藏解剖，构建岩性油藏模式；优势储层预测，识别与落实岩性圈闭，最后优选有利钻探目标"的勘探思路，深化了南堡 4 号构造带中深层地质特征认识，进一步明确了勘探潜力。勘探实践证实，针对南堡 4 号构造带中深层岩性油藏钻探的 N5 井、N6 井等 4 口井均获得成功，所形成勘探思路对类似地区下一步岩性油藏勘探具有现实的指导意义。

关键词：中深层；岩性油藏；勘探思路；勘探实践；南堡凹陷

南堡 4 号构造带是南堡凹陷重点勘探区域之一，其勘探始于 2006 年，经历了早期发现阶段（以中浅层为主）和勘探深化阶段（以中深层为主）。2008 年，南堡 4 号构造北部 NP2-52 井的东二段发现了中深层第一个整装优质储量区块；2010 年，南堡 4 号构造堡古 1 井的沙一段获高产油气流，发现了沙一段新的含油层系，这两个区块产液量高，且具有自然产能。随着勘探的逐渐深入，南堡 4 号构造主体中深层构造圈闭已基本钻探，寻找各类隐形圈闭将是在中深层进一步勘探的主要任务。但是，构造围斜及洼槽部位目标埋藏深且储层物性差，能否寻找到规模储集砂体是制约该区勘探取得突破的瓶颈问题。面对油田日益严峻的勘探形势，转变思路，以岩性油藏勘探理论为指导，开展新一轮的综合地质研究，通过对区域构造背景、层序地层格架、沉积体系的整体研究，构建沉积模式及油藏模式，形成了一套适合该区地质特征的中深层岩性油藏勘探思路，即"构造背景研究，寻找岩性圈闭发育的有利区带；层序地层格架研究，确定岩性圈闭发育的有利层系；沉积体系研究，寻找岩性油藏发育的有利目标；已知油藏解剖，构建岩性油藏模式；优势储层预测，识别与落实岩性圈闭，最后优选有利钻探目标"，有效地指导了该区油气勘探工作。

1　概况

南堡凹陷是渤海湾盆地黄骅坳陷北部的一个北断南超的箕状凹陷[1]，东北部陡坡以柏各庄断层为界，与柏各庄凸起和马头营凸起毗邻；西北部陡坡以西南庄断层为界，与老王庄凸起和西南庄凸起相接；南部缓坡与沙垒田凸起呈断超接触（图 1），面积为 1930km²，其中，陆地面积 570km²，海域面积 1360km²。凹陷内发育多个生烃洼陷，即拾场次洼、林雀次洼、柳南次洼和曹妃甸次洼，目前已发现 10 个油气田，陆上油气分布在高尚堡构造带、柳赞构造带、老爷庙构造带，海域油气分布在南堡 1 号构造带、南堡 2 号构造带、南堡 3 号构造带、南堡 4 号构造带、南堡 5 号构造带。

南堡 4 号构造带位于南堡凹陷的东南部，西起林雀次洼、曹妃甸次洼和南堡 2 号构造带东段，东邻柏各庄断层，北邻高柳断层，勘探面积约 400km²。该构造带整体特征为北西向展布的潜山披覆构造，被多条北西走向的南倾正断层分为南北两部分，其中，南部断层下降盘为多个断块组成的鼻状构造，北部断层上升盘主要由低幅度的断块或断鼻组成（图 2）。自下而上发育地层有太古宇，古近系沙河街组（沙三段、沙二段和沙一段）、东营组（东三段、东二段和东一段），新近系馆陶组、明化镇组及第四系平原组。其中研究区中深层地层包括沙一段、东三段和东二段。

近年来的勘探实践证实，南堡 4 号构造带中深层具备形成岩性油藏的良好成藏条件，勘探潜力较大，表现在该构造带紧邻曹妃甸次洼、林雀次洼及柳南次洼，发育的优质烃源岩为油气成藏提供充足的物质基础[1,2]；古近纪构造—沉积演化旋回性形成了多套生储盖组合;发育的北东向及北北东向沉积体系控制着砂体展布,多期扇体的叠置为岩性油气藏的形成提供了有利沉积背景;而深切至沙河街组油源断层形成了良好的油气输导通道。

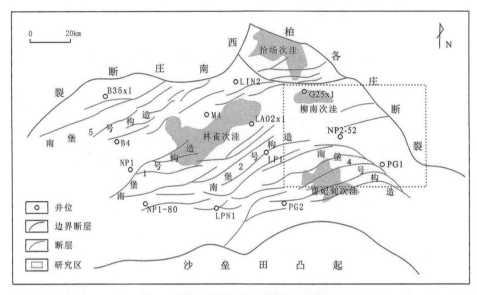

图1　渤海湾盆地南堡凹陷区域位置图

2　岩性油藏研究思路

2.1　构造背景研究,寻找岩性圈闭发育的有利区带

南堡凹陷在渐新世经历了多期构造运动[2],沙河街组—东营组分布明显受到削蚀作用和超覆作用的控制,尤其在沙一段表现特征最为明显,其与上覆的东三段多为角度不整合接触关系,为岩性及地层—岩性圈闭的形成创造了有利条件。

在斜坡构造背景下,南堡4号构造带构造格局直接受到边界断层的控制作用,在柏各庄断层和高柳断层下降盘形成了一系列发育较早的断鼻构造(图2)。这些断鼻构造的翼部或低部位,砂体普遍发育,由于紧邻沟通油源的深大断裂,且早期断鼻构造具有古构造高的背景,是油气运移的有利指向区,这些砂体往往形成岩性油藏[3]。另外,从构造演化特征来看(图3),受到边界断层活动性差异的影响,沙一段沉积时期沉降中心位于柏各庄断层下降盘,而东三段沉积时期沉降中心逐渐由柏各庄断层下降盘迁移到高柳断层下降盘,沉积范围远远大于沙一段沉积范围,由于沉降中心的迁移,造成了两大沉降中心之间形成了中部隆起带,分布在N2井区至NP4井区一线。由此判断,依附于该隆起带易形成上倾尖灭型岩性圈闭[4],若岩性与构造有效配置,也可形成构造—岩性圈闭[5]。分析认为南堡4号构造北部是岩性油藏发育的有利区带。

2.2　层序地层格架研究,确定岩性圈闭发育的有利层系

层序地层研究是认识隐蔽油气藏成藏条件和成藏规律的有效方法[3-6]。本次研究在单井层序划分和地震层序界面识别的基础上,结合地震、测井及地质资料,将南堡4号构造带中深层可划分为SQ6(沙一段)、SQ7(东三下亚段)、SQ8(东三上亚段)、SQ9(东二段)4个三级层序,建立了研究区三维三级层序地层格架。按照Cross两分的观点,将4个三级层序内进一步划分出4个最大湖泛面,最大湖泛面之下为上升半旋回,代表低位体系域和水进体系域,最大湖泛面之上为下降半旋回,代表高位体系域。在陆相断陷湖盆,三级层序不同体系域内储集砂体分布与成藏特征有所不同。低位体系域多分布于坡折带之下[7],一般发育物性较好的斜坡扇和湖底扇砂体,而上覆的水进体系域泥岩既是良好的盖层,又是良好的烃源岩,容易形成原生岩性或构造—岩性油气藏[8],例如在NP2-52井区东二段低位域所发现的油气藏。水进体系域在斜坡带往往发育滩坝砂储层,由于顶部、翼部相变成泥岩盖层,发育以地层超覆型、上倾尖灭型为代表的岩性油气藏;洼槽带只可能发育三角洲前缘砂体,若砂体上倾方向有断层遮挡,可以形成断层遮挡型油气藏。总体上看,水进体系域储集砂体不发育,不易成藏。高位体系域主要

发育扇三角洲砂体,虽然指状交错式"源—储"接触关系有利于油气汇聚,但由于其上覆不整合面,砂体上倾方向往往缺乏良好的封堵条件,已汇聚的油气易向上运移到上覆的低位体系域中。如果在构造因素的配合下,可以形成构造—岩性油气藏,例如在堡古 1 井区沙一段高位域所发现的油气藏。

通过已钻井岩心含油气显示归位分析,发现研究区中深层油气主要分布在 SQ6 高位域、SQ7 低位域、SQ8 高位域和 SQ9 低位域,是形成岩性或构造—岩性油气藏较好的层序单元。

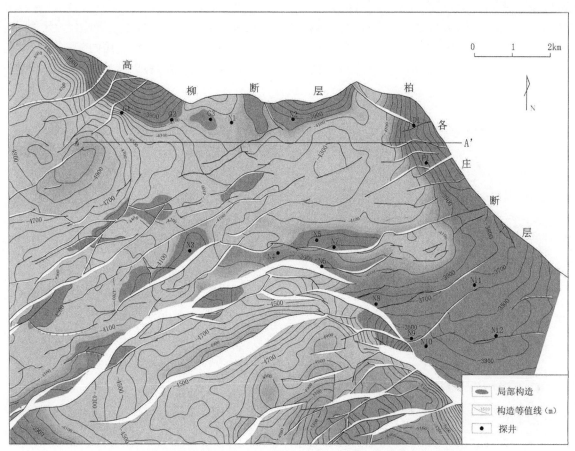

图 2　南堡凹陷 4 号构造带沙一段顶面构造图

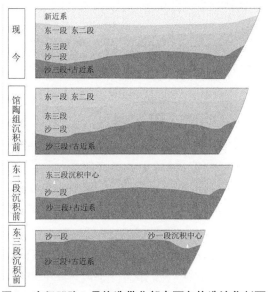

图 3　南堡凹陷 4 号构造带北部东西向构造演化剖面

2.3　沉积体系研究,寻找岩性油藏发育的有利目标

南堡凹陷古近纪具有近物源、多物源的特点,扇三角洲或辫状河三角洲—滨浅湖沉积体系发育[9,10]。通过古地貌分析认为,南堡 4 号构造带中深层主要发育北东向及北北东向物源体系,其沿大的沟谷向盆内注入,在边界断层下降盘形成大型水下扇和扇三角洲沉积。

从沉积相平面图(图 4)可以看出,SQ6 沉积时期在高柳断层和柏各庄断层下降盘发育的两个扇三角洲连片发育,前者分布在 N2 井区至 N4 井区一线,后者分布在 D1 井区至 N10 井区一线,且两者规模相当,砂体以近北东及北北东向向湖盆推进,垛体间被水下分流间湾所隔开。SQ7 和 SQ8 沉积时期总体上继承了沙一段沉积体系格局,主要在高柳断层和柏各庄断层交汇处发育一个以近北东向向湖盆推进的长轴扇三角洲,两侧发育有短轴扇三角洲或近岸水下扇,砂体波及范围明显减小。SQ9 沉积时期扇三角洲前缘亚相最为发育,砂体波及范围宽泛。需要指出的是,扇三角洲前缘水下分流河道和河口坝砂岩粒度较粗,储层物性较好,是最有利的储集相带。

另外,在地震充填样式分析的基础上,结合已钻井揭示的砂体分布特征,构建了南堡 4 号构造带中深层沉积模式,即"早期沟谷控制主要物源注入通

道,控制优势砂体分布"(图 4)。

由于高柳断层和柏各庄断层所形成的转换带与古沟谷对应良好,为形成长期物源供应提供了条件,而可容纳空间变化控制物源注入通道及砂体在凹陷中的展布。因此,当沉积体系沿着古沟槽向湖盆延伸过程中,发育了多期扇三角洲前缘砂体,往往形成斜坡背景下上倾尖灭型岩性圈闭,由于受到后期断层切割,优势砂体与构造共同控制也可以形成构造—岩性圈闭,是寻找岩性油藏发育的有利目标。

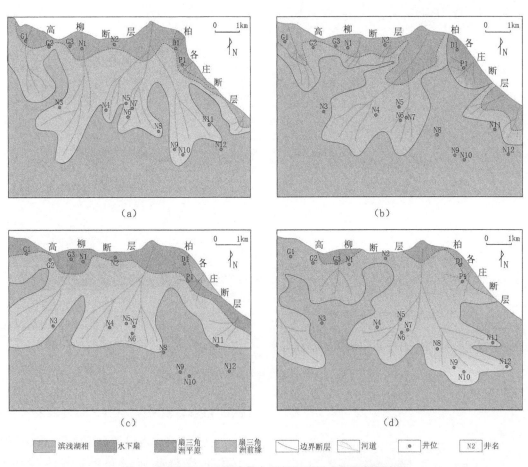

图 4 南堡凹陷 4 号构造带中深层不同层序沉积相展布图

2.4 已知油藏解剖,构建岩性油藏模式

南堡 4 号构造中深层油藏整体表现为受来自北部物源的多支河道砂岩体与有利构造叠置控藏,油藏类型主要有构造—岩性油藏、岩性油藏、岩性—地层油藏,油藏类型多样。研究区以构造—岩性复合型油藏为主,根据构造要素空间配置,进一步可划分为低幅度型构造—岩性油藏模式和断层遮挡型构造—岩性油藏模式(图 5)。

低幅度型构造—岩性油藏以高柳断鼻带 G3 井区为代表,柳南断鼻受高柳断层断面上凸影响,断鼻

继承性发育,导致断鼻翼部构造坡折相对发育,来自北部的物源在坡折下卸载堆积,形成坡折下砂体。结合砂体平面形态来看,沙一段岩性体尖灭线整体上呈一个北凸的舌状,正是这样的舌状形态使得上倾方向和东西方向被泥岩遮挡,但油气聚集明显受到断鼻构造背景下的低幅度构造控制,从而形成低幅度型构造—岩性油藏模式。

断层遮挡型构造—岩性油藏以南堡 4 号断裂带的 N5 井区为代表,N5 井区位于南堡 4 号断裂带西段,帚状断裂发育,形成复杂的断块、断鼻构造;同

时,沉积相带处于古沟槽带内发育的扇三角洲前缘,储层类型为前缘分流河道砂体,由于岩性体上倾方向受到东西向断层遮挡,侧翼方向为岩性体下倾尖

灭,从而形成断层遮挡型构造—岩性油藏模式(图6)。这类油藏是南堡 4 号构造围斜区岩性油气藏勘探的最主要类型。

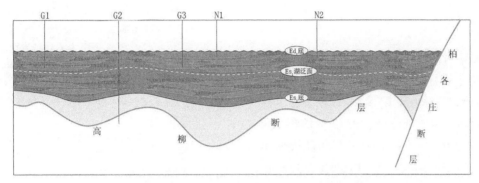

图 5　南堡凹陷 4 号构造带北部沙一段沉积模式图

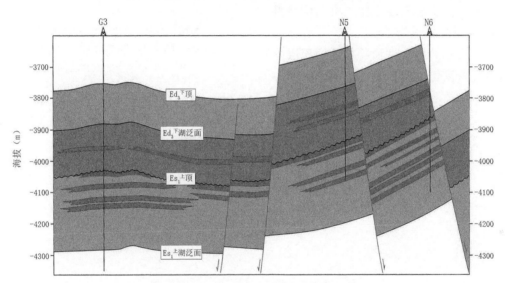

图 6　南堡 4 号构造带中深层油藏模式图

2.5　优势储层预测,识别与落实岩性圈闭

以地质模式为指导,利用精细地震解释与储层预测技术,采用井震联合的方法开展岩性圈闭识别与评价。南堡 4 号构造带来自北东向及北北东向扇三角洲沉积体系控制着砂体的展布,其与构造叠置形成构造—岩性圈闭。按照这种思路,在东二段、东三段和沙一段落实了一批新的目标,识别构造—岩性圈闭 18 个,面积约 190km²,其中东二段构造—岩性圈闭 2 个、东三段构造—岩性圈闭 10 个、沙一段构造—岩性圈闭 6 个,为南堡 4 号构造带中深层岩性油气藏整体勘探奠定了基础。

3　勘探实践

近两年,基于上述岩性油藏勘探思路,针对南堡

4 号构造带中深层岩性圈闭先后部署钻探了 N5 井、N6 井等 4 口井,并提出 G3 老井试油,均获成功。其中,N5 井位于南堡 4 号构造北部 N6 北部断鼻构造较高部位,在东三段 4386.0～4391.4m 井段压裂后连续油管氮气排液,日产油 16.72m³,该井首次在南堡 4 号构造北部东三下亚段钻遇优势储层,进一步拓展了东三段的勘探潜力;N6 井位于南堡 4 号构造北部古低隆带上,在沙一段 4272.2～4275.2m 井段压裂后投产,日产油 12.19t,日产气 1026m³,进一步向北扩大了南堡 4 号构造沙一段含油范围。通过地质人员精细勘探工作,在 N5 井区至 N6 井区已初步落实了 1 个千万吨级的储量规模区。另外,G3 井是位于古地貌洼陷区边缘高南断鼻与柳南断鼻结合部,测井复查后,在沙一段 4293.5～4306.5m 井段进行老井试油,压裂后连续油管氮气气举排液,日产油 36.75m³,

明确了高柳断层下降盘沙一段的勘探潜力,认为该构造北部高柳断层下降盘的近物源区优势储层分布区将是寻找下一个中深层规模储量的有利区带。

4 结论及认识

(1)南堡4号构造中深层成藏条件优越。多期构造运动及沉降中心迁移为中深层岩性圈闭形成提供了有利的构造背景,岩性圈闭发育;存在多套生储盖组合,SQ6高位域、SQ7低位域、SQ8高位域和SQ9低位域是主要含油层系;来自北部及东北部长轴物源,发育扇三角洲沉积体系,可容纳空间变化控制物源注入通道及砂体在凹陷中展布,砂体发育,厚度大;来自北部物源的多支河道砂岩体与有利构造叠置控藏,油藏类型多样。

(2)形成了一套适合该区地质特征的中深层岩性油藏勘探思路,能够有效指导该区油气勘探工作。

参 考 文 献

[1] 周海民,魏忠文,曹中宏,等.南堡凹陷的形成演化与油气的关系[J].石油与天然气地质,2000,21(4):345-349.

[2] 周海民,丛良滋.浅析断陷盆地多幕拉张与油气的关系——以南堡凹陷的多幕裂陷作用为例[J].地球科学,1999,24(6):625-629.

[3] 蔡希源,刘传虎.准噶尔盆地腹部地区油气成藏的主控因素[J].石油学报,2005,26(5):1-4.

[4] 闫奎邦,李红,董利.松辽盆地北部深层岩性圈闭识别方法研究[J].天然气工业,2007,27(增刊A):351-352.

[5] 李艳杰,张亚金.塔南凹陷南屯组岩性油气藏成藏条件及类型[J].新疆石油地质,2014,35(2):163-167.

[6] 宗贻平,付锁堂,张道伟.柴西南区岩性油藏勘探思路及方案[J].新疆石油地质,2010,31(5):460-462.

[7] 肖传桃,帅松青,吴光大.柴达木盆地西南区古近—新近纪坡折带及其对岩性圈闭的控制作用[J].特种油气藏,2013,20(1):27-30.

[8] 宋国奇,纪有亮,赵俊青.不同级别层序界面及体系域的含油气性[J].石油勘探与开发,2003,30(3):32-35.

[9] 董月霞,王建伟,刁帆,等.陆相断陷湖盆层序构成样式及砂体预测模式——以南堡凹陷东营组为例[J].石油与天然气地质,2015,36(1):96-102.

[10] 杨晓利,张自力,孙明,等.同沉积断层控砂模式——以南堡凹陷南部地区 Es_1 段为例[J].石油与天然气地质,2014,35(4):526-533.

第一作者简介 吴琳娜(1983—),女,工程师,2008年毕业于吉林大学构造地质学专业,获硕士学位;现从事石油地质勘探工作。

(收稿日期:2020-2-22 本文编辑:张国英)

老井潜力测井评价关键技术及成效

——以南堡2-3区浅层为例

田超国　　张建林　　陈晶莹　　殷秋丽

（中国石油冀东油田公司勘探开发研究院，河北　唐山　063004）

摘　要：南堡油田低对比度油气层发育，尤其以复合成因为主，加之复杂的油藏及工程条件，油气层识别难度非常大。以南堡2-3区浅层为例，随着开发不断深入，出现了投产结果与测井解释结论矛盾及核磁共振针对稀油油层的识别方法在该区不适用的情况。经过研究与实践检验，采用设计钻井液自然电位定性识别技术、构建等水性油气敏感图版技术和稠油层核磁共振识别技术等3个关键技术开展老井测井潜力精细评价效果较好。近年来的技术研究及其实践证明，以南堡2-3区浅层为代表的老井油气潜力测井评价工作取得了实效，为增储增产提供了技术支撑。

关键词：低对比度油层；自然电位测井；核磁共振测井；稠油；潜力评价

南堡2-3区浅层低对比度油气层普遍发育[1]，自然伽马相对值—视地层水电阻率等常用的图版技术已经不适用。基于低对比度成因分析，南堡2-3区浅层地层水矿化度差异大。通过设计钻井液使自然电位出现正异常，利用自然电位正异常幅度的大小可以很好地识别含油层[2]。把自然电位曲线融入测井解释图版形成了自然电位定性识别技术，在实际生产过程中取得了很到的应用效果。但在开展老井测井潜力评价过程中，新老井资料不统一，有些井自然电位曲线幅度为负异常，还有由于井况或者工程原因，自然电位曲线未测成，自然电位定性识别技术不能用于储层流体性质评价。基于地层对比，细化解释单元，保证了地层水矿化度一致，形成了构建目标层位等水性油气敏感图版技术，弥补了没有自然电位曲线时可以很好地开展老井测井潜力精细评价，在实际工作中应用效果明显。核磁共振测井应用至今，在识别低对比度油气层、复杂岩性储层等疑难储层中发挥着越来越重要的作用[3-5]，其流体性质识别技术已经相当成熟和完善。南堡2-3区浅层发育着稠油层，以往针对稀油储层的核磁共振流体性质认识规律不适用。基于饱和稠油核磁共振岩心实验，结合实际核磁共振测井资料开展稠油层核磁共振测井资料重新处理，提取敏感参数建立了核磁共振稠油层识别标准。随着浅层低对比度油气层成因认识及评价手段的不断进步，在南堡2-3区浅层先后开展了3个阶段14个轮次老井测井潜力评价工作，取得了良好效果。

1　设计钻井液自然电位定性识别技术

自然电位与地层水矿化度、阳离子交换量、钻井液电阻率、含油饱和度等因素密切相关。在对储层电阻率损失最小的情况下合理控制钻井液电阻率，使自然电位出现正异常，利用自然电位正异常幅度大小可以有效判断储层含油性。如图1所示，2号、4号、7号层为投产证实油层，该井水层自然电位正异常幅度明显比含油层大。如图2(a)所示，在没有自然电位曲线的情况下，油水层分布没有规律，储层流体性质很难识别。如图2(b)所示，加入自然电位曲线后，油水层区分明显。

2　构建等水性油气敏感图版技术

在老井测井潜力评价过程中，经常会遇到新老井资料不一致，主要表现为自然电位有正异常，也有负异常，一些井由于井况或者工程原因，自然电位曲线未测成，无法利用设计钻井液自然电位定性识别技术开展老井潜力精细评价。采用构建等水性油气敏感图版技术可以很好地解决这一问题。基于地层对比，细化解释单元，保证地层水矿化度一致，结合

试油投产成果,拾取地层含油性敏感参数,构建目标层位含油性识别图版。以南堡2-3区NmIII①5小

层为例,分别拾取岩性指数 X 和含油气指数 Y,构建了含油性识别图版,如图3所示。

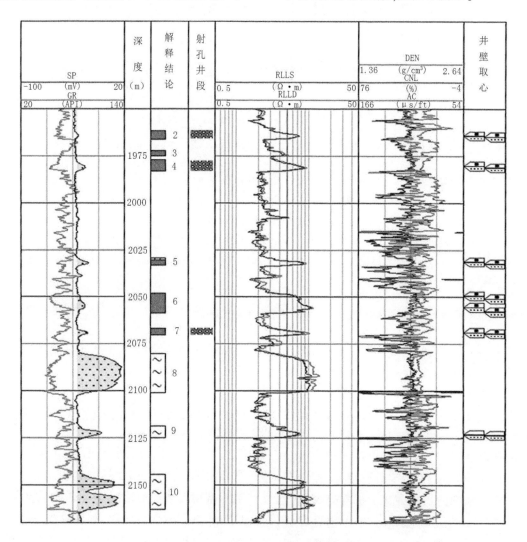

图1　南堡23-X2203 测井曲线图

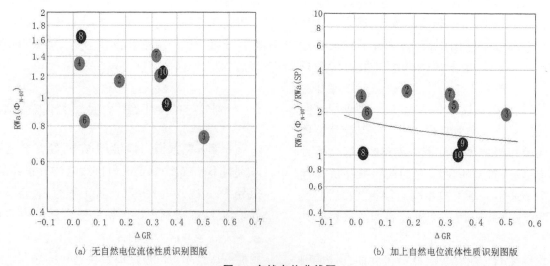

(a) 无自然电位流体性质识别图版　　　　　　　(b) 加上自然电位流体性质识别图版

图2　自然电位曲线图

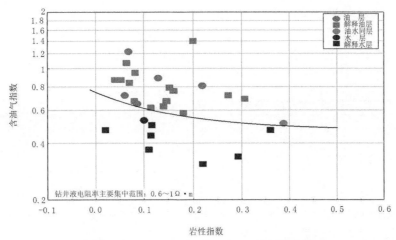

图 3　南堡 2-3 区 NmIII①5 等水性油气敏感图版

3　核磁共振稠油层识别技术

3.1　核磁共振流体性质识别原理

从核磁共振弛豫机理可知,核磁共振的横向弛豫时间 T_2 表示为[6]:

$$\frac{1}{T_2} = \frac{1}{T_{2B}} + \frac{1}{T_{2S}} + \frac{1}{T_{2D}} \qquad (1)$$

$$\frac{1}{T_{2D}} = \frac{D_0(4\gamma G T_E)^2}{12} \qquad (2)$$

式中　T_{2B}——孔隙流体的自由弛豫时间,ms;
　　　T_{2S}——孔隙流体的表面弛豫时间,ms;
　　　T_{2D}——孔隙流体的扩散弛豫时间,ms;
　　　D_0——流体的自由扩散系数,cm²/s;
　　　γ——原子核的磁旋比,无量纲;
　　　G——磁场强度梯度,Gs/cm;

　　　T_E——回波间隔,ms。

T_{2B} 通常在 3000ms 以上,即 $T_{2B} \gg T_2$,所以可以忽略。T_{2S} 反映储层孔隙结构信息。T_{2D} 反映储层流体性质。当地层原油为稀油时,增加 T_E,水和油的 T_2 都会减小,由于水的扩散系数比油大,在移谱上水层的 T_2 分布比油层要靠前,即油层相对于水层出现拖曳现象。利用该方法可以识别稀油油层[7,8]。当地层原油黏度为稠油时,该方法不适用,急需开展核磁共振测井稠油评价技术研究。

3.2　饱和稠油岩心核磁共振响应特征

饱和稠油岩心核磁共振实验结果表明[9],如图 4 所示,标准 T_2 谱分布短,移谱基本不动,差谱信号不明显。饱和水和稀油岩心的核磁共振标准谱分布宽,移谱移动明显。基于饱和稠油岩心与饱和水、稀油的核磁共振谱特征的差异,开展稠油层核磁共振测井资料重新处理[10]。

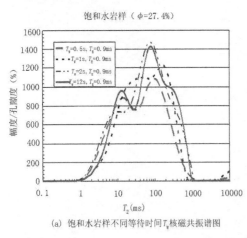

(a) 饱和水岩样不同等待时间 T_W 核磁共振谱图

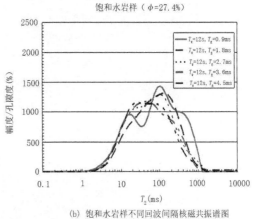

(b) 饱和水岩样不同回波间隔核磁共振谱图

图 4　饱和岩样核磁共振谱特征图

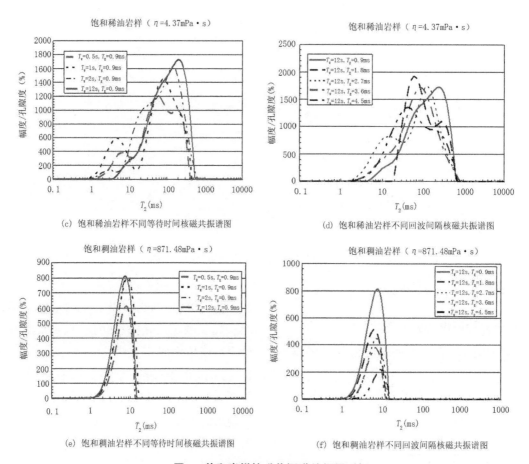

图4   饱和岩样核磁共振谱特征图(续)

3.3   稠油核磁共振识别标准的建立

如图5所示,第7道含油指示系数 HS 表明,油水层区分不明显。如图6所示,第7道均值移动指数 JS 越小,含油可能性越大。依据试油投产结果,建立了稠油层核磁共振流体性质识别标准,见表1。

表1   稠油层核磁共振识别标准

均值移动指数 JS	结论
JS≤30	油层
30<JS<50	油水同层
JS≥50	水层

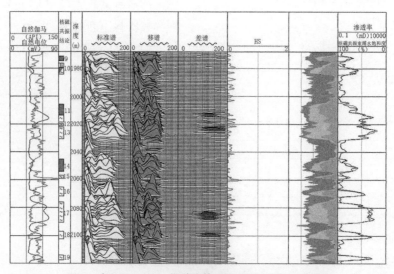

图5   南堡23-2132 井稀油算法核磁共振处理成果图

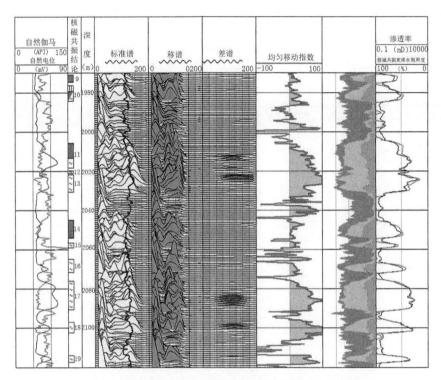

图 6　南堡 23-2132 井稠油算法核磁共振处理成果图

4　潜力评价成效实例

依据核磁共振稠油层判别标准,将南堡 23-2132 井重新进行了评价,9 号层为油层,10 号层为油水同层,通过地质对比,落实了位于较高部位的南堡 23-X2203 井的 2-4 号层的含油性,如图 6 所示。2018 年 9 月补孔 2 号层,日产油 18t,无水。2018 年 11 月补孔 4 号与 2 号合采,日产油 21t,无水,如图 7 所示。

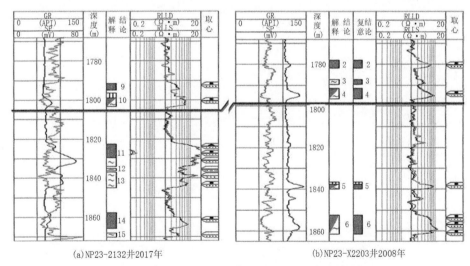

(a)NP23-2132井2017年　　　　　　(b)NP23-X2203井2008年

图 7　南堡 23-2132 和南堡 23-X2203 连井对比图

5　结论

(1)3 个关键技术不是孤立的,相互补充,互相支撑,在南堡 2-3 区浅层老井测井潜力评价过程中发挥了重要作用。

(2)有针对性的设计钻井液,录取高质量的自然电位测井曲线,才能更好的应用设计钻井液自然电位定性识别技术。

(3)构建等水性敏感图版技术需要地质—测井一体化开展工作,确保地层对比准确才能更好地应用该技术。

（4）南堡2-3区浅层尤其是明化镇组核磁共振测井资料较少，稠油核磁共振识别标准还需要不断完善。

参 考 文 献

［1］ 中国石油勘探与生产公司.低阻油气藏测井识别评价方法与技术［M］.北京:石油工业出版社,2006.

［2］ 洪有密.测井原理与综合解释［M］.东营:石油大学出版社,2002.

［3］ 张松扬,范宜仁.核磁共振测井技术评述［J］.勘探地球物理进展,2002,25(4):21-26.

［4］ 赵文杰,谭茂金.胜利油田核磁共振测井技术应用回顾与展望［J］.地球物理学进展,2008,23(3):814-821.

［5］ 宁从前,谭延栋,李宁.核磁共振测井在我国油田应用分析［J］.中国石油勘探,2000,5(4):32-37.

［6］ 肖立志.核磁共振测井资料解释与应用导论［M］.北京:石油工业出版社,2001.

［7］ 刘忠华,李霞,赵文智.核磁共振增强扩散方法在复杂储集层流体识别中的应用［J］.石油勘探与开发,2010,37(6):703-708.

［8］ 赵永刚,吴非.核磁共振测井技术在储层评价中的应用［J］.天然气工业,2007,27(7):42-44.

［9］ 李海波,郭和坤,刘强,等.致密油储层水驱油核磁共振实验研究［J］.中南大学学报(自然科学版),2014,45(12):4370-4375.

［10］ 邵维志,丁娱娇,王庆梅,等.用核磁共振测井定量评价稠油储层的方法［J］.测井技术,2006,30(1):67-71.

第一作者简介 田超国(1984—),男,助理工程师,2007年毕业于中国石油大学(华东)勘查技术与工程专业;现从事测井资料处理与解释工作。

(收稿日期:2020-2-20 本文编辑:王红)

复杂断块油藏三维地质模型的定量评价[1]
——以南堡凹陷 A 油田 B 区油藏为例

张庆龙 刘道杰 章求征 汤金奎

(中国石油冀东油田公司陆上作业区,河北 唐海 063299)

摘　要:中国东部油田基本上处于开发的中后期,明确剩余油的分布已成为东部复杂断块油气藏进一步开发的核心任务,而高质量的地质模型是完成这一任务的关键,因此怎样评价一个模型质量的高低是目前亟待解决的问题。为了详细说明定量评价地质模型的过程,以 A 油田 B 区为例,优选了具有代表性的定量评价指标,按照其重要程度赋予这些指标相应的权重,并且根据实际情况提出科学合理的门槛值,最终按照指标的累计得分将三维地质模型划分成 A、B、C、D 四级。研究结果表明,A 油田 B 区地质模型的最终得81分,属于 B 类,选出的10 项关键参数中,有 7 项达到了 A 级标准,B、C、D 级各占一项,定量评价体系不但能够对同一个评价对象或者同一类油藏进行科学且全面的评价,并且可以通过低分项指出模型的缺点,为提升改进模型质量提供可靠建议。

关键词:复杂断块油气藏;定量评价指标;门槛值;剩余油分布;三维地质模型

　　我国东部油田以复杂断块油气藏为主,具有构造复杂、储层非均质性强、剩余油高度分散等特征。因此,东部油田目前的核心任务是明确剩余油的分布、加深地质认识、建立精确的三维地质模型,为油藏数值模拟定量模拟剩余油的分布奠定良好的基础[1]。

　　油气储层随机建模的目的就是利用计算机建立储层内部沉积相的空间分布[2,3],并在此基础上表征渗透率和孔隙度等物性参数在储层内部的空间分布,地质建模技术在油气田开发中的应用越来越广泛,但是如何提高地质模型的质量和精度一直是个难题[4,5]。从地质建模的发展来看,三维地质建模的新技术与方法层出不穷,但是对评价模型质量好坏的文章与书籍却寥寥无几,研究人员似乎只重视建模的方法与步骤,而忽略了对模型质量的评价。三维地质模型是由断层模型、地层模型、网格模型、沉积相模型及属性模型组成的,它们之间环环相扣,从而形成了一个有机的整体,因此对于地质模型的定量评价必须综合考虑每一个部分的质量,同时选出其中最具有代表性的参数进行定量评价,按照参数重要性对各个指标赋予合适的权重。目前定量评价发展滞后的主要原因有以下几点:首先油气藏的类型多样,地质特征千差万别,选取统一的量化指标难度大;其次油气藏在不同的开发阶段研究的侧重点不同,因此各个指标权重的确定也是一个难点,同一个参数的权重会随着开发阶段的变化而进行适当的调整;另外由于油气藏的地下地质特征十分复杂以及资料的数量与质量不同,因此可对比性差,要想建立一个统一模型的评判标准相对困难,但最终的问题还是研究目标与目的不明确限制了三维地质模型定量统一评价标准的发展。

1　评价思路

　　在充分熟悉研究区地质认识的基础之上,选出多个能够影响模型质量的因素,从中筛选出最具有代表性的参数,给出合理的权重,最终的评价内容大体包括以下 5 个方面:

　　(1)定量评价要贯穿建模的每一个环节,不仅包含对最终结果的评判,还包括对每个关键过程的评价。

　　(2)所选取的评价参数代表性要强,必须能全面体现油藏的特征,同时所选择参数数量要少。

　　(3)地质模型基础资料要进行反复检查。

❶　国家科技重大专项"渤海湾盆地黄骅坳陷滩海开发技术示范工程"(2011ZX05050)。

（4）根据油藏的特征给出合适的权重。

（5）权重的分级要合理，在综合考虑油藏开发阶段及地质资料质量高低的基础上选择合理的门槛值。

2　评价指标及权重

2.1　基础数据评价及权重

基础数据作为建模的原始资料，对于地质模型而言至关重要，基础资料准确与否决定着模型质量的高低，因此，对基础数据要反复检查，去伪存真，在深化认识地质资料基础上，对异常值进行剔除。

总体而言，数据质量的检验方法有以下3种：

（1）逻辑关系分析法，即通过地质常识去除并修正数据。

（2）可视化法，即将数据导入软件中并在三维视窗可视化，剔除异常值。

（3）概率分布法，即将数据做成散点图或者直方图，观察数据的分布情况，剔除不符合整体趋势的数值并分析原因。

2.2　构造模型评价及权重

构造模型由断层模型、地层模型、网格模型组成。断层模型主要是刻画研究区内断层之间的接触关系以及各个小断层的走向，从而还原断层在三维空间的形态及其展布，其中科学合理的处理断层与断层之间以及断层与地层之间的接触关系是建立断层模型的难点。

地层模型主要体现地层之间的接触关系及地层的起伏情况，其难点为处理层与层之间的穿时问题。

网格模型是用来刻画复杂断层在空间的交错关系，以及流体在平面渗流屏障的作用，从而体现出油藏的非均质性，其质量高低往往取决于断层模型质量的好坏。

复杂断块地质模型的难点是复杂的断层接触关系，因此，将构造模型评价权重设置为35分，其中断层模型占15分，地层模型占10分，网格模型占10分，此种评判标准大体上能体现复杂断块油气藏的特征。

2.3　沉积相模型评价及权重

相模型指岩相和沉积微相模型，它包含一系列地质特征的岩性单元，是油藏模型最基本的组成部分，往往与属性分布密切相关，并且能够决定烃类孔隙体积与流体的流动情况[6]。相模型评价主要包括建模方法的优选和前期地质认识符合程度，考虑以上因素可以将相建模总体得分赋值20分，方法的选择以及沉积相与前期认识的符合程度各占10分。

相建模的方法一般包括确定性建模与随机建模，确定性建模可以最大限度地体现出地质人员的地质思维，但是却忽略模型本身的不确定性，而随机建模虽然能够体现不确定性，但是往往不能很好地体现出沉积相模式，因此，一般相建模采用确定性建模与随机建模相结合的方法。

沉积相模型的评价标准包括以下3点：

（1）与前期单井相匹配程度的高低。

（2）与沉积相模式的差距大小。

（3）建模的方法是否多样化。

2.4　属性模型评价及权重

属性模型属于连续型变量，主要包括孔隙度模型、渗透率模型、含水饱和度模型。属性模型的建立一般是相控条件下的序贯高斯模拟法模拟储层的空间分布[7]，分相带插值形成，由于孔隙度与渗透率之间具有较好的相关性，通常利用孔隙度模型作为渗透率模型的第二级变量进行约束[8]。良好的属性模型应该体现出沉积相的控制作用，以及孔隙度模型与渗透率模型之间的正相关性，此项权重赋值10分。

渗透率可以影响流体的流动和油藏的采收率，油藏的非均质性越强预测的难度越大[9,10]，孔隙度可以影响研究区的地质储量。因此，渗透率模型与孔隙度模型质量评价是属性模型评价最重要的一部分。质量评价的方法大体上被分成动态法与静态法两类。静态法主要包括抽稀井和交会图两种方法，动态法主要指油藏数值模拟，此项权重赋值20分，静态法与动态法各占10分。

在属性模型中常常利用地震体提取的各种属性对模型进行约束，其中孔隙度模型常常利用提取的地震属性作为约束，此项权重赋值4分。含水饱和度模型既受到沉积相控制又受到重力控制，在油藏自由水面以上至某一含油高度，含水饱和度逐渐降低[11]。尤其对于厚层的块状油气藏而言，含水过渡带的巧妙处理至关重要，因此饱和度计算方法的优选赋权重值6分。

3　模型标准的划分

模型各个特征参数评判标准按照 4 级来设定门槛值,具体的门槛值要根据研究区的具体情况进行设定,标准设定的严格程度要恰到好处,既不能过于严苛又不能过于宽松,否则就失去了评价模型的意义。

特征参数评价标准除了与上述因素有关外,还与研究区所处的开发阶段有关。在日产油量大幅度发生变化阶段,由于液量与含水变化较大,导致拟合误差也较大,而当产量处于相对稳定阶段,含水量与液量相对比较稳定,那么这两个阶段采用相同门槛值作为标准显然不合理。因此,对于产量变化比较剧烈的阶段而言,此门槛值可能相对比较严格,而在产量比较稳定阶段运用同样的标准也许就比较宽松。因此,单项指标门槛值的设定应该参考多种因素,最终给出令人信服的标准[12,13]。

为了体现 4 级评价结果的差异,制定特征参数的单项评价标准:A 级得满分,B 级得 50% 分,C 级得 30% 分,D 级不得分,根据这些标准确定单项的具体得分,最终将各项参数得分累加得到模型整体分数。地质模型的最终评价标准为:累计得分不小于 90 分为 A 级,80～89 分为 B 级,60～79 分为 C 级,小于 60 分为 D 级。

4　评价实例

4.1　研究区油藏地质特征

研究区位于柏各庄大断裂和高柳断层的下降盘,总体形态受高柳断层复杂化的逆牵引背斜控制,属于典型的复杂断块砂岩油藏[14,15],如图 1 所示。岩层整体在上倾方向被断层所封闭,形成断层鼻状油气藏。开发层位为明化镇组下段和馆陶组,埋藏深度较浅,垂向上目的层段被划分成 5 个油组,54 个小层,物性以高孔高渗透为主。建模中使用多口井的测井资料以及相应的测井解释成果、一块三维地震体、解释出的断层及层位数据、目的层段的顶面构造图与生产动态数据资料。

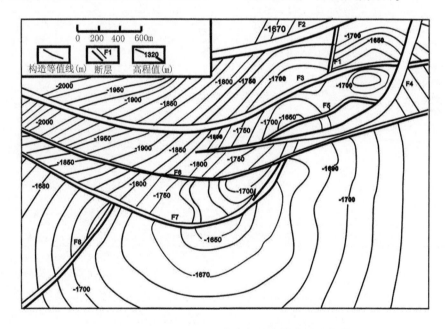

图 1　柳 102-平 1 井软件液量与分离器液量跟踪曲线

研究区已经历了二十多年的开发历史,动用含油面积 11.2km²,地质储量 1274×10⁴t,可采储量 260.7×10⁴t。开发井 115 口,其中采油井 70 口,开井 51 口,产油 124t,综合含水 86.6%,年产原油 2.73×10⁴t,累计产油 189.7×10⁴t;注水井 45 口,开井 29 口,日注水量 1182m³,年注水量 31.8×10⁴ m³,累计注水 870.8×10⁴m³,月注采比 1.20,累计注采比 1.37,目前存在储层横向变化快、砂体分布十分复杂、储层非均质性严重、平面及层间矛盾突出、井网控制程度低、水驱控制及动用程度低等问题。

4.2　模型的定量评价

按照复杂断块的评价标准选择参数,对优选出的多项参数进行评价打分,逐一给出单项得分,评价结果见表 1,该三维地质模型的累计得分为 81 分,属于 B 类。下面按照满分项与扣分项具体进行分析。

表1　研究区定量评价成果表

指标类别	评价指标参数	赋值	A级	B级	C级	D级	实例得分
数据质量	逻辑关系及数据分布	10	逻辑关系及分布无误				10
断层模型	断层接触关系及走向	15	接触关系及切割层位符合前期地质认识15分	接触关系有稍微简化现象7.5分	接触关系简化严重4.5分	接触关系与切割层位偏离大0分	15
层面模型	地层之间接触关系及起伏与前期地质认识符和程度	10	符合程度高10分	符合程度较高5分	符合程度一般3分	符合程度差0分	10
网格模型	网格模型的尺寸及形态	10	网格尺寸合适无任何畸变10分	网格尺寸合适有少量畸变5分	网格畸变明显3分	畸变程度十分明显0分	10
沉积相模型	建模方法多样化,沉积相模型与地质规律及沉积相模式符合程度高	20	方法多样且模型符合程度很高20分	方法单一但符合程度高10分	方法单一符合程度较低6分	方法单一符合程度差0分	10
属性模型	地震属性体的二级控制	4	关系密切4分	关系较密切2分	关系较弱1分	无关系,未使用进行控制0分	0
	含水饱和度模型	6	利用多种方法处理油水过渡带6分	单一方法处理油水过渡带3分	未处理油水过渡带直接相控建模1分	直接利用井点数据插值0分	1
	模型稳定性验证抽稀前后数据变化大小	10	变化极小10分	变化较小5分	变化较明显3分	变化十分明显0分	10
	相控对属性模型控制程度高低	10	控制程度很高10分	控制程度较高5分	控制程度一般3分	控制程度差0分	10
动态验证	数据点与拟合曲线匹配程度	5	平均拟合误差小于5%且拟合速度快5分	平均拟88合误差小于10%拟合速度较快2.5分	平均拟合误差小于20%拟合速度很慢1.5分	拟合误差大于20%且不收敛0分	5
合计得分		100	90～100	80～89	60～79	<60	81

4.2.1　扣分项分析

从单项得分来看,扣分的项有3项,即沉积相模型(扣10分)、含水饱和度模型(扣5分)、地震属性体的二级控制(扣4分)。

沉积相模型采用确定与随机相结合的方法,结果表明所建的沉积相模型与前期地质认识符合程度高,并且与经典的沉积相模式偏差较小,但方法很单一,该项属于B级水平(扣10分)。

建立含水饱和度模型时仅仅对油水界面之上的部分采用相控序贯指示模拟的方法进行插值,而对存在的油水过渡带没有恰当地进行处理,同时将油水界面近似处理成一个理想的平面,并没有体现出

油水界面真实的起伏形态,属于C级水平(扣5分)。

对于孔隙度模型与渗透率模型除了相控以外,往往利用次级变量进行控制,例如渗透率模型通常利用孔隙度模型进行控制,而孔隙度模型通常利用三维地震体提取的属性体对其进行二级约束[14],但研究区的三维地震体提取的属性与孔隙度模型、渗透率模型并没有密切的相关性,因此,未使用相关资料对模型进行约束,属于D级水平(扣4分)。

地震属性体的二级控制属于人为不可控制因素,与研究区的实际情况有关,不是所有地区的属性都能与地震体提取的属性密切相关,第一项扣分是由于建模人员对建模方法关注不够造成的,没有使

用较新的沉积相建模方法,例如多点地质统计学方法;第二项扣分是由于建模人员对细节忽略所致,只要建模人员多多积累经验,重视建模的细节,除了第三项其余扣分项均可避免。

4.2.2　满分项分析

根据具体的评分细则,满分项为数据质量、断层模型、网格模型、层面模型及属性模型中孔隙度模型与渗透率模型部分,下面具体分析一下各项满分的原因。

建模人员对数据的检查相当严格,对导入软件的数据在 excel 中进行仔细的筛选,剔除其中的奇异值并寻找原因,同时对数据的逻辑性进行反复的筛查,将筛查好的数据导入 petrel 软件中并在三维视窗中多角度仔细观察与分析,并且将同一类的数据做成直方图,观察数据的分布范围、平均值、最大值与最小值,观察数据变化趋势是否与前期地质认识一致,同时对数据的逻辑性进行认真分析,结果表明数据质量得分属于 A 级(得分 10 分)。

断层模型质量主要评判标准就是能否合理的处理断层之间的接触关系,同时检查断层之间走向和断层倾向是否符合地质认识,尤其是对 X 型断层处理,相关的断层包括研究区 F3、F4 的 2 条断层,经过在三维及二维视窗的反复观察证实断层之间的接触关系及断层面的起伏形态与前期地质认识的符合程度高,如图 1、图 2(a)所示。此外还要仔细的检查断层与层面之间的切割关系,对于小断层而言,切割的层位要特别注意,往往小断层只能够切穿部分层位,例如 F1 小断层在馆陶组中发育而在明华镇组中不发育,所以要明确每条断层切割的层位,如图 2(b)(c)所示,断层模型属于 A 级别(得分 15 分)。

层面模型建立主要利用地震解释的层位数据选择合适的插值算法进行建模。之后利用钻井分层数据对插值成的层位模型进行校正。校正后的层面模型能够与钻井分层数据大体吻合,个别吻合不好的点的绝对误差也在 0.5m 以内,各个小层在三维视窗中多个角度观察没有任何穿时现象,同时小层北部呈现构造低值且地层倾角较陡。这与前期的地质认识完全一致。结果表明层面模型质量高,属于 A 级水平(得 10 分)如图 1、图 2(d)所示。

研究区的网格模型在纵向上有 54 个分层,横向上每个层面网格在 X 方向上有 270 个,Y 方向上有 199 个网格,采用笛卡尔的网格形式,其中有效节点数为 36097200 个,网格系统十分庞大,能够体现出油藏的非均质性。上下网格之间没有出现交叉现象,如图 2(e)所示,利用 petrel 软件生成包括高度以及体积的几何模型后,结果表明产生的高度与体积模型没有负值,如图 2(f)所示,并且断层附近的网格形态较规则。因此所建立的网格模型质量为 A 级(得分 10 分)。

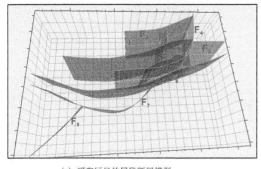

(a)　研究区目的层段断层模型

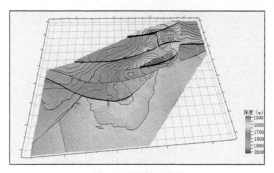

(b)　$NgII_2^6$ 小层层位模型

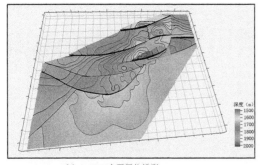

(c)　$NmIII_1^1$ 小层层位模型

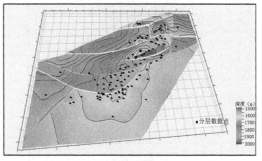

(d)　层位模型

图 2　构造模型评价

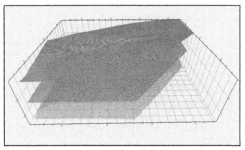

(e) 研究区目的层段网格模型

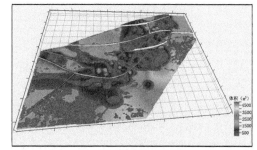

(f) 研究区的体积模型

图2 构造模型评价(续)

属性模型质量评价主要是通过静态法与动态法相结合进行判断。静态法验证主要为抽稀井法,本次研究将86口油井随机抽出10口重新建立孔隙度与渗透率模型,模型的相控以及孔渗模型的正相关性较好,如图3(a)至(c)所示。抽稀前后数据分布在交会图 $y=x$ 附近,如图3(d)所示,同时抽稀前模型的频率直方图与原始测井数据的分布基本一致,如图3(e)(f)所示,说明孔隙度模型与渗透率模型的稳定性较好。动态法验证主要是通过粗化后的属性模型进行数值模拟,结果表明日产油拟合效果较好,实际点与拟合曲线的相对误差均控制在5%以内,计算机数值模拟的计算速度较快。动态法与静态法验证的结果均证实此项属于A级,如图3(g)所示。

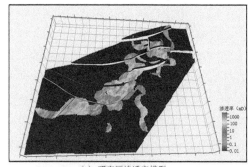

(c) 研究区渗透率模型

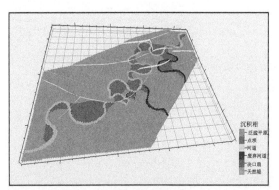

(a) 研究区沉积相模型

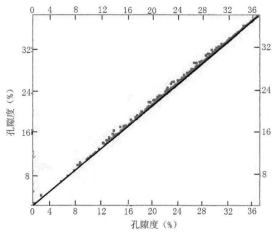

(d) 研究区孔隙度与渗透率抽稀前后交汇图

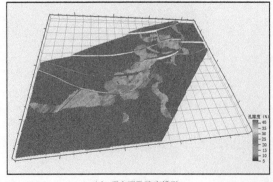

(b) 研究区孔隙度模型

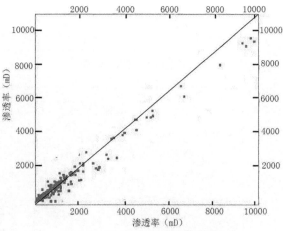

图3 属性模型及动态验证

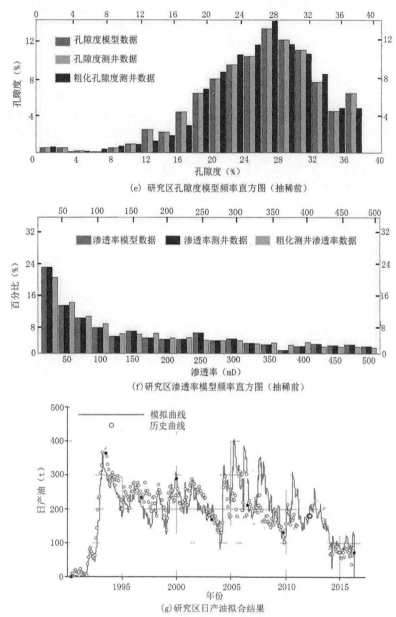

(e) 研究区孔隙度模型频率直方图（抽稀前）

(f) 研究区渗透率模型频率直方图（抽稀前）

(g) 研究区日产油拟合结果

图 3　属性模型及动态验证（续）

5　结论

（1）定量评价体系将基础资料质控纳入评价体系当中，并运用多种方法对资料质量进行控制，并选择 10% 作为权重，既能体现出资料质量对于模型重要性，又不影响整体评价效果。

（2）依据建模目的和研究区具体地质特征，选择合适关键参数及具体权重。通过开发阶段选择各个关键参数具体评判标准，因此定量评价方法适用于不同的研究区，它是一个灵活且科学的方法。通过上述标准将选出研究区 10 项关键参数作为模型评价关键指标。

（3）通过低分项可以指出模型的不足。研究区最终模型得 81 分，模型整体质量属于 B 类，10 项关键参数中有 7 项为 A 级，同时对其他 3 项提出相应改进意见，说明了定量评价体系具有不断提高模型质量的作用。

参 考 文 献

[1]　邹拓,左毅,孟立新,等. 地质建模技术在复杂断块老油田二次开发中的应用[J]. 石油与天然气地质,2014,35(1):143-147.

[2]　吕晓光,王德发,姜洪福. 储层地质模型及随机建模技术[J]. 大庆石油地质与开发,2000,19(1):10-13.

[3]　陈炳峰,徐岩,于海生,等.徐深气田火山岩气藏密井网精细解

剖与三维地质建模[J]. 大庆石油地质与开发,2013,32(1): 65-70.

[4] 洪云飞,吕一兵,陈忠,等. 八面河油田面138区储层三维地质建模[J]. 石油天然气学报,2012,34(11):46-48.

[5] 徐传龙. 三维地质建模质量控制方法及应用[J]. 辽宁化工,2014,43(8):1082-1085.

[6] 吴胜和,李宇鹏. 储层地质建模的现状与展望[J]. 海相油气地质,2007(3):53-56.

[7] 魏嘉,唐杰,岳承祺,等. 三维地质构造建模技术研究[J]. 石油物探,2008(4):319-327.

[8] 李宾. 大庆长垣中中部断层区三维地质建模[J]. 大庆石油地质与开发,2017,36(4):68-72.

[9] 裘亦楠. 储层地质模型[J]. 石油学报,1991,12(4):55-62.

[10] 潘懋,方裕,屈红刚. 三维地质建模若干基本问题探讨[J]. 地理与地理信息科学,2007(3):1-5.

[11] 高博禹,孙立春,胡光义,等. 基于单砂体的河流相储层地质建模方法探讨[J]. 中国海上油气,2008(1):34-37.

[12] 刘媛,唐资昌,黄力,等. 利用J-函数计算油藏原始饱和度的可行性分析[J]. 石油天然气学报,2015,37(11+12):13-17.

[13] 胡晓玲. 地质建模中检验模型可靠性的研究进展[R]. 徐州:全国数学地质与地学信息术研讨会,2014.

[14] 张明禄,王家华,卢涛. 应用储层随机建模方法计算概率储量[J]. 石油学报,2005(1):65-68.

[15] 江艳平,芦凤明,李涛,等. 复杂断块油藏地质建模难点及对策[J]. 断块油气田,2013,20(5):585-588.

[16] 于金彪. 一种计算油藏数值模拟历史拟合精度的方法[J]. 新疆石油地质,2015,36(3):304-307.

第一作者简介 张庆龙(1988—),男,助理工程师,2017年毕业于中国石油大学(华东)油气田开发地质专业,获硕士学位;现从事油气田开发相关研究工作。

(收稿日期:2020-2-20   本文编辑:王红)

边底水砂岩油藏精细开发调整研究与实践

刘振林　　吴远坤　　高贺存　　王海考

（中国石油冀东油田公司勘探开发研究院,河北　唐山　063004）

摘　要:针对边底水油藏因边底水突进暴露出的一系列复杂问题,在原有立足一套开发层系、开发层段进行开发调整的传统模式基础上,为了满足精细开发、精准挖潜的需要,进行了精细刻画隔夹层细分流动单元的研究,在精细到单砂层流动单元的基础上,立足每个单砂层制定开发技术政策和调整对策,调整开发井网,实现了差动用、未动用储量的有效动用和剩余油富集区的精准挖潜,对相似类型油藏的开发调整具有良好的借鉴意义。

关键词:边底水砂岩油藏;一层一策一井网;精细开发;开发调整

受地质条件和开采过程中开发方式、井型、井网、技术政策等因素影响,随着油田的进一步开发,边底水砂岩油藏开发过程中暴露的矛盾日渐增多,主要表现为开发井网不合理、单井产量递减快、含水上升快等[1-4]。归结起来,这类油藏存在的主要问题还是边底水突进、锥进导致含水快速上升,致使纵向上各小层动用程度不均衡,平面上水驱波及不均衡,造成剩余油分布复杂,进一步挖潜难度大[5-8]。边底水砂岩油藏由于边底水突进暴露出的一系列复杂问题,原有的立足一套开发层系、开发层段进行开发调整的传统模式已难以满足精细开发、精准挖潜的需要。为进一步发掘油藏潜力,最大限度地减少油藏动态损失储量,迫切需要精细刻画隔夹层进行流动单元细分,在精细到单砂层流动单元的基础上,立足每个单砂层制定开发技术政策和调整对策,调整开发井网,实现差动用、未动用储量的有效动用和剩余油富集区的精准挖潜[9-12]。

1　油藏地质特征

南堡滩海 2-3 区浅层为被断层复杂化的背斜构造,地层倾角 1.74°～6.40°,油藏埋深 1750～2480m,为河流相沉积砂体,岩石类型以长石岩屑砂岩为主,其次是岩屑长石砂岩、岩屑砂岩。油藏分布主要受构造控制,局部受岩性控制,含油层位为 NmⅢ、NgⅠ、NgⅡ、NgⅢ、NgⅣ,各小层间无统一油水界面,属高孔高渗透储层,孔隙度为 30.7%,渗透率为 540.5mD,为常规轻质油,地面原油密度为 0.8371g/cm³,地面原油黏度为 4.88mPa·s,油藏类型为层状岩性—构造油藏,利用天然边底水能量开发,正常温度压力系统,地质储量为 576.8×10⁴t。

2　油藏开发特征

截至目前,南堡滩海 2-3 区浅层主要经历三个开发阶段:2009 年 1 月—2012 年 12 月为试采与产能建设阶段,2013 年 1 月—2016 年 6 月为开发调整阶段,2016 年 7 月至今为滚动扩边阶段(图 1)。

该区目前共有油井 77 口,日产液 2998t,日产油 360t,综合含水 88.0%,累计产油 93.0×10⁴t,地质储量采油速度 2.25%,地质储量采出程度 16.12%,可采储量采油速度 7.21%,可采储量采出程度 51.68%,剩余可采储量采油速度 14.92%。2016 年 7 月以来,区块实施滚动扩边,产量稳步提升并保持平稳,2018 年 5 月起提液稳油,含水上升较快,2019 年 5 月、6 月产量受含水上升影响下降(图 1)。该区天然能量较充足,地层压力保持稳定,压力系数为 0.93,油井平均动液面在 700m 左右。目前自然递减和综合递减分别为 18.52% 和 10.62%。总体天然水驱状况保持稳定,甲型水驱曲线标定可采储量为 194.2×10⁴t。

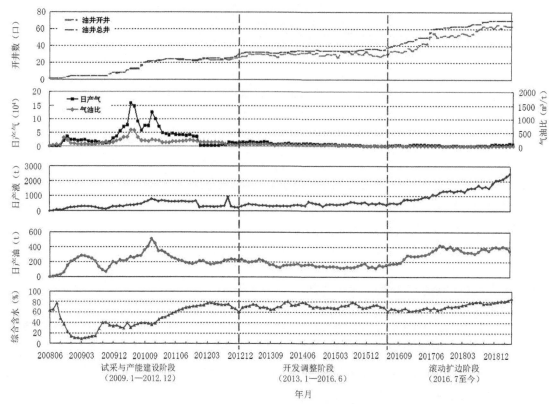

图1 南堡滩海2-3区浅层油藏综合开采曲线

3 边底水油藏面临的主要问题

受地质条件和开采过程中开发方式、井型、井网、技术政策等因素影响,随着油田的进一步开发,边底水油藏开发过程中暴露的矛盾日渐增多。归结起来,这类油藏存在的主要问题还是边底水突进、锥进,导致含水快速上升,致使纵向上各小层动用程度不均衡、平面上水驱波及不均衡,造成剩余油分布复杂、进一步挖潜难度大的问题。

以南堡滩海2-3区浅层油藏为例,该区纵向上各小层动用程度不均衡性严重,总体上Ng I 6及以下主力层采出程度高(27.9%),综合含水高(91.9%),NmⅢ③1—Ng I 4主力层采出程度(17.4%)和综合含水(83.8%)相对较低,为目前主力开采层系。主力层与非主力层采出程度差异大。同时,由于该区平面上天然水驱油藏未形成均衡驱替井网,点强面弱,边底水推进不均衡,剩余油分布复杂,挖潜难度大。

4 开发调整研究与实践

边底水油藏由于边底水突进暴露出的一系列复杂问题。为进一步发掘油藏潜力,最大限度地减少油藏动态损失储量,采取了"一层一策一井网"精细开发调整技术,具体做法是精细刻画隔夹层进行流动单元细分,在精细到单砂层流动单元的基础上,立足每个单砂层制定开发技术政策和调整对策,调整开发井网,实现差动用、未动用储量的有效动用和剩余油富集区的精准挖潜。

4.1 "一层一策一井网"精细开发调整方案研究

在精细地层格架认识下开展地质、油藏、测井一体化研究,深化油气分布规律认识与测井评价再认识,精细落实各单砂层含油性与含油边界,夯实开发调整资源基础。以隔层控制油气成藏,夹层控制剩余油富集程度为指导思想,针对南堡滩海2-3区Ng油藏23个小层,在系统梳理小层分层基础上,开展单砂层细分对比,共划分单砂层38个。针对辫状河道砂体开展夹层的识别与划分,通过反复研究、尝试,将孔隙度小于12%、泥质含量大于35%作为夹层识别的标准,能够较好地识别各类夹层,同时基本保留了测井原有的砂体认识(图2)。

立足每个单砂层,依据每口井的实际生产情况,未动用层、差动用层平面构造位置,各单砂层整体动用状况,边底水推进规律,剩余油分布情况,夯实每口井未动用层、差动用层潜力,常规水驱继续挖潜与三次采油挖潜相结合,对生产井进行单砂层归位,最大限度地实现各单砂层均衡驱替的开发井网和老井有层可采,即不产生新的低产井、长停井(表1)。

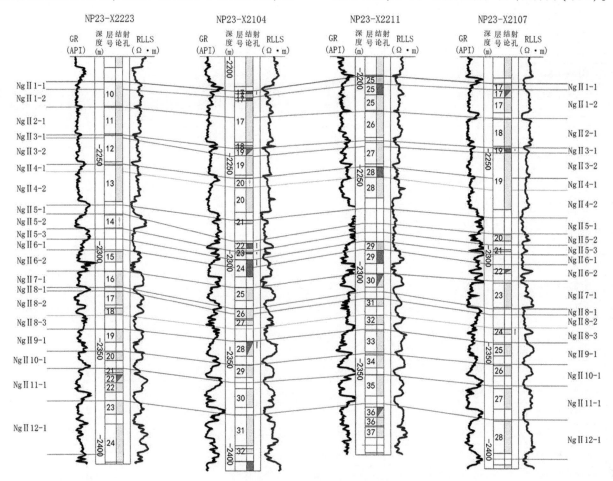

图2　南堡滩海 2-3 区浅层 Ng 油藏隔夹层识别图

表1　南堡滩海 2-3 区浅层单井单砂层归位情况表

序号	井号	目前生产层位	曾生产层位	归位单砂层
1	NP203X1	NmⅢ①1/12#	NgⅠ4-1,NgⅡ1-1、1-2、6-2、13-1,NgⅢ2-1	NmⅢ①1、3,NgⅠ4-3,NgⅢ2-1
2	NP23-2106	NgⅡ6-1/22#	NgⅠ6,NgⅡ1-1、5-1,NgⅢ2-1	NgⅡ6-1
3	NP23-2108	NgⅡ5-1/19#	NgⅠ6,NgⅡ1-1、6-1、13-1,NgⅢ2-1	NgⅡ5-1、6-1,NgⅢ2-1
4	NP23-2113	NmⅢ①4/5#	NmⅢ①1,NgⅡ3,NgⅢ2-1	NmⅢ①1、4
5	NP23-2116	NgⅠ6-1/19#	NgⅡ5-2	NgⅠ6-1
6	NP23-2118	NgⅡ5-3/38#		NgⅡ5-3、6-1、6-2、9
7	NP23-2120	NmⅢ①4/8#	NgⅡ6-1	NmⅢ①1、4
8	NP23-2122	NmⅢ①5/14#	NgⅠ6	NmⅢ①1、5,NgⅠ4-1
9	NP23-2126	NmⅡ/18#、NmⅢ①6/25#、NgⅠ6/26#		NgⅠ6-1
10	NP23-2128	NmⅢ①4/24#		NmⅢ①4
11	NP23-2130	NmⅢ①5/14#		NmⅢ①5,NgⅠ4-1
12	NP23-2132	NmⅢ①5/14#		NmⅢ①3、5
13	NP23-2136	NgⅠ6-1/24#	NmⅢ①5	NgⅠ1-1
14	NP23-2138	NmⅢ①5/17#		NmⅢ①5

续表

序号	井号	目前生产层位	曾生产层位	归位单砂层
15	NP23-2140	NmⅢ①5/16#	NgⅠ4-1	NmⅢ①5
16	NP23-2142	NmⅢ①5/18#		NmⅢ①1、4、5
17	NP23-2617	NmⅢ①4/3#	NgⅡ1-1、1-2	NmⅢ①4
18	NP23-2647	NgⅠ4-1/8#	NgⅢ2-1	NgⅠ4-1、NgⅢ2-1
19	NP23-P2111	NgⅠ4-3/1#	NgⅠ6	NgⅠ6-1
20	NP23-P2201	NgⅠ6-1/9#	NgⅡ13-1	NgⅡ13
21	NP23-P2203	NgⅠ4-1/22#	NgⅠ6,NgⅡ1-1、1-2、6-1、8-1,NgⅣ	NgⅡ5-1
22	NP23-P2204	NmⅢ②11/17#、NgⅠ6-1/20#	NgⅢ	NgⅢ2-1
23	NP23-P2205	NgⅠ4-1/15#	NgⅠ6-1	NgⅠ6-1
24	NP23-P2206	NgⅠ6-1/3#(水平段)	NgⅠ4-1	NgⅠ6-1
25	NP23-P2207	NgⅠ6-1/3#(水平段)		NgⅠ6-1
26	NP23-P2210	NgⅠ6-1/8#(水平段)		NgⅠ6-1
27	NP23-P2211	NgⅠ6-2/15#(水平段)		NgⅠ6-1
28	NP23-X2101	NmⅢ①5/4#	NgⅠ4-2、3、4、6-1、6-2、9、13-1,NgⅢ2-1	NmⅢ①5
29	NP23-X2102	NmⅢ①5/17#	NmⅢ①3,NgⅡ13-1	NmⅢ①5,NgⅡ6-1、6-2
30	NP23-X2103	NgⅠ3/29#、NgⅠ6/32、33#、NgⅡ5-1/39#	NgⅡ1-1、3、13-1,NgⅢ2-1	NgⅠ3,NgⅡ5-1
31	NP23-X2104	NmⅢ①5/4#	NgⅠ4-1,NgⅡ1-1、5-2、6-1、6-2、9,NgⅢ2-1	NmⅢ①5,NgⅡ9
32	NP23-X2105	NgⅡ5-1/29#	NgⅡ13-1	NgⅡ5-1
33	NP23-X2107	NgⅡ3/19#	NgⅠ4-2、6	NgⅡ3
34	NP23-X2109	NmⅢ①5/2#	NgⅠ4-2,NgⅡ1-1、1-2、13-1,NgⅢ2-1	NmⅢ①5
35	NP23-X2203	NmⅢ①1/2、4#	NgⅡ1-1、1-2、6-1、6-2、7、9	NmⅢ①1
36	NP23-X2208	NmⅢ①4/4#	NgⅠ4-1、6,NgⅡ5-2	NmⅢ①4
37	NP23-X2211	NmⅢ①5/9#	NgⅢ2-1	NmⅢ①5
38	NP23-X2217	NgⅡ5-1/38#	NgⅠ6,NgⅡ13-1	NgⅡ3、5-1
39	NP23-X2218	NgⅡ6-1/24#、NgⅡ6-2/25#、NgⅡ11/31#	NgⅠ6,NgⅡ3、9,NgⅢ2-1	NgⅡ6-1、6-2
40	NP23-X2219	NgⅠ4-1/7#	NgⅠ6,NgⅡ1-1、1-2、5-1、6-2	NgⅠ4-1
41	NP23-X2222	NmⅢ①5/4#	NmⅢ①3,NgⅠ4-1、6,NgⅡ1-1、3、6-2	NmⅢ①1、5
42	NP23-X2236	NgⅡ5-1/34#、NgⅡ5-2/35#、NgⅡ6/36#		NgⅠ6-1、6-2
43	NP23-X2248	NgⅡ1-1/5#	NmⅢ①5,NgⅠ6,NgⅡ6-1	NgⅡ1-1
44	NP23-X2249	NgⅠ6-1/18#	NgⅡ1-1	NgⅠ6-1
45	NP23-2614	Ed1Ⅰ、NgⅡ8-1/39#	Ed1Ⅰ	Ed1
46	NP23-2615	Ed1Ⅰ、Ed1Ⅱ、NgⅡ5-1/28#、NgⅡ5-2/29#	Ed1Ⅰ、Ed1Ⅱ	Ed1
47	NP23-X2216	Ed1Ⅰ、Ed1Ⅱ、NgⅡ1-1/21#	Ed1Ⅰ、Ed1Ⅱ	Ed1

在单砂层井网归位的基础上,针对具有开发调整潜力的单砂层制定具体的开发调整技术对策、技术政策和开发井网,最大限度地利用老井侧钻,盘活资产。

(1)具有继续天然水驱开发潜力,归位单砂层井网能够实现均衡驱替的含油单砂层,继续立足天然水驱均衡开发。南堡滩海2-3区浅层NmⅢ①5为边水油藏,含油面积0.66km²,地质储量67.53×10⁴t,采出程度19.4%,综合含水84.2%,目前正生产井12口,曾生产井4口。井网重构研究后,本单砂层归位生产井12口,归位后动态调整、优化合理开发技术政策,实现边水均衡驱替(图3)。

　　(2)具有继续天然水驱开发潜力或挖潜潜力,归位单砂层井网后开发井网不完善的含油单砂层,优

化合理井型、井距、开发技术政策,完善开发井网,继续水驱均衡开发或水驱剩余油挖潜。南堡滩海2-3区浅层NgⅡ3为底水油藏,含油面积0.616km²,地质储量16.54×10⁴t,采出程度15.0%,综合含水91.8%,目前正生产井1口,曾生产井6口。井网重构研究后,本单砂层归位生产井2口,归位后开发井网不完善(图4)。

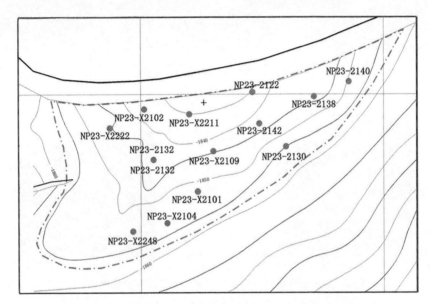

图3　南堡滩海2-3区浅层 NmⅢ①5 井网重构结果图

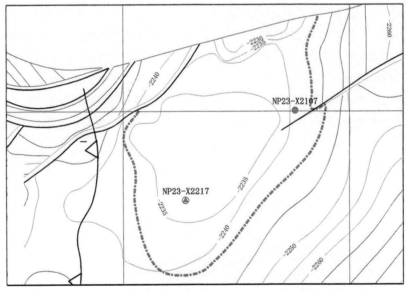

图4　南堡滩海2-3区浅层 NgⅡ3 井网重构结果图

　　采用数值模拟方法论证了 NgⅡ3 底水油藏开发井网完善的井距、井型、水平段长度等技术政策(图5、图6)。数值模拟结果表明,平面上,底水波及半径主要分布在135m左右区域,波及半径以外区域的高部位是剩余油富集区;水平井开发采出程度明

显高于定向井且含水低于定向井;对比了水平段长度分别为250m、280m、300m和350m的开发效果,发现水平段长度大于280m时,水平井累计增油幅度明显减小,考虑经济效益,NgⅡ3 水平段长度为280m时最优。

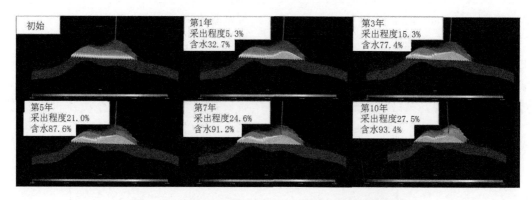

图 5　底水油藏不同开发年限底水锥进范围数值模拟图

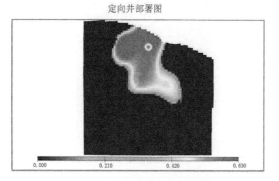
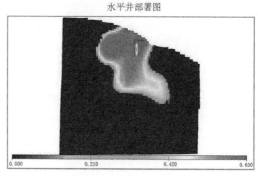

图 6　底水油藏定向井与水平井开发效果对比数值模拟图

综合以上论证，在 NgⅡ3 单砂层部署水平井 1 口（NP23-P2221 井），设计水平段长度 280m，井眼轨迹控制在距油层顶 0.5～1.0m，设计单井产能 15t/d，新建产能 0.45×10⁴t/a，新增可采储量 1.7×10⁴t（图7）。

（3）中高采出程度，特高含水单砂层，天然水驱无法继续挖潜，需要二三结合或三次采油提高采收率单砂层，精细研究提高采收率技术对策和技术政策，构建提高采收率挖潜井网。南堡滩海 2-3 区浅层 NgⅢ2-1 为底水油藏，含油面积 0.524km²，地质储量16.66×10⁴t，采出程度 20.2%，综合含水 98.0%，目前无井生产，曾生产井 12 口。

根据南堡滩海 2-3 区浅层剩余油分布情况（图 8），构建提高采收率井网，利用 NP23-P2204 井注入 CO₂ 驱，高部位 NP203X1 井采油，中部剩余油富集区 NP23-2108 井采油，高含水后 CO₂ 吞吐挖潜，NP23-2647井回采 CO₂ 吞吐挖潜（图 9）。

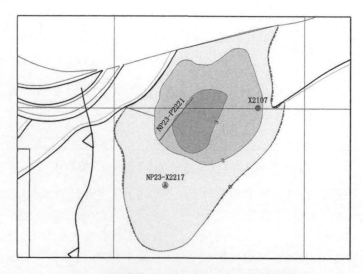

图 7　南堡滩海 2-3 区浅层 NgⅡ3 开发部署图

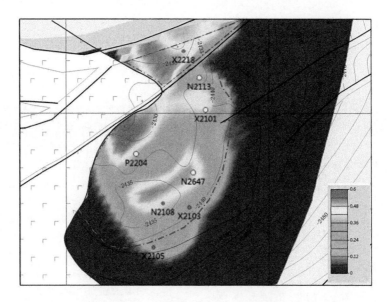

图 8　南堡滩海 2−3 区浅层 NgⅢ2−1 剩余油饱和度分布图

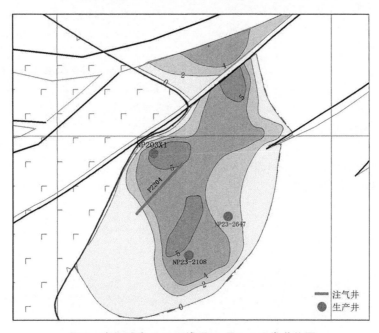

图 9　南堡滩海 2−3 区浅层 NgⅢ2−1 开发井位图

通过本次研究,共梳理重构南堡滩海 2−3 区浅层 23 个单砂层开发井网,通过开发调整潜力落实和分类评价,共部署新钻开发调整井 17 口,新建产能 4.5×10⁴t/a,预计新增可采储量 17.5×10⁴t,其中完善开发井网调整井 7 口,新建产能 2.88×10⁴t/a,预计新增可采储量 11.0×10⁴t;边底水油藏继续水驱挖潜调整井 3 口,新建产能 0.72×10⁴t/a,预计新增可采储量 3×10⁴t;气驱提高采收率调整井 7 口(2 口注气井,5口采油井),利用老井注气 2 口,新建产能 0.9×10⁴t/a,新增可采储量 3.5×10⁴t。

4.2　实施效果与推广应用情况

截至目前,南堡滩海 2−3 区浅层已实施开发调整井 5 口,其中,正钻井 3 口,完钻待投产井 1 口,完钻投产井 1 口。NP23−P2224 井 2019 年 9 月 8 日投产,目前有杆泵 φ44mm/5/2.5 生产,日产油 21t,不含水,累计产油 88.09t。

"一层一策一井网"精细开发调整技术在冀东油田高 29 断块、高 104−5 断块、蚕 2X1 断块、唐 37X1 断块、南堡滩海 2−3 区浅层、南堡滩海 3−2 区浅层等区块得到推广应用,自 2017 年 9 月以来,共部署新钻调整井 40 口,其中定向井 5 口、水平井 35 口(侧钻水平井 2 口),预计新增可采储量 42.72×10⁴t。截至目前,已累计实施调整井 16 口,累计产油 8.0123×10⁴t,累计产气 70.7203×10⁴m³,取得了较好的开发调整效果。

5 结论与认识

(1)边底水砂岩油藏开发中后期不可避免地暴露出边底水突进、锥进,导致含水快速上升,造成剩余油分布复杂,进一步挖潜难度大等一系列复杂问题,迫切需要在精细地质研究、剩余油分布刻画、剩余油分类评价、开发技术政策制定等方面进一步提高研究精度。

(2)实践证明,"一层一策一井网"精细开发调整技术是边底水砂岩油藏开发中后期继续挖潜,改善开发效果,进一步提高采收率的有效手段和技术支撑,对提高该类油藏的开发水平,盘活油田资源和资产具有重要的现实意义。

参 考 文 献

[1] 王家宏.中国水平井应用实例分析[M].北京:石油工业出版社,2003.

[2] 郑强,白需正,孙玉龙.边底水油藏开发效果分析及调整挖潜技术研究[J].内江科技,2012,33(7):127,123.

[3] 金勇,刘红.小断块边底水油藏开发实践与认识[J].大庆石油地质与开发,2006,25(6):53-56.

[4] 李亮.埕岛油田多层边底水油藏开发技术研究[J].勘探开发,2015,22(11):212,228.

[5] 刘曙光.水平井技术在边底水油藏中的应用[J].内江科技,2008(6):89.

[6] 文华.边底水油藏开发效果及调整对策研究[J].特征油气藏,2009,16(2):50-52.

[7] 张建东,付刘娜,严焕德.边底水油藏开发实践与认识[J].青海石油,2013,31(2):63-66.

[8] 李照允,石强,王少卿,等.试论边底水油藏中对水平井技术的应用.化学工程与装备,2010(11):69-70.

[9] 周淮民,廖保方.冀东油田复杂断油藏精细描述与实例[J].中国石油勘探,2005(5):13-20.

[10] 闫建丽.底水油藏精细开发立体井网挖潜[J].石化技术,2017,24(5):143.

[11] 田涛,汪跃,周建科,等.曲流河单砂体精细描述技术在油田开发中的应用[C]//中国石油学会 2019 年物探技术研讨会论文集.北京:石油工业出版社,2019:602-605.

[12] 李春晨,周练武.边底水油藏剩余油挖潜研究与实践[J].延安大学学报(自然科学版),2015,34(3):76-80.

第一作者简介 刘振林(1981—),男,高级工程师,2007 年毕业于大庆石油学院油气田开发工程专业,获硕士学位,现主要从事油气田开发方面工作。

(收稿日期:2020-2-20　　本文编辑:王红)

注入水与储层配伍性实验研究

——以南堡 13-52 井为例

辛春彦　李福堂　黄海龙

（中国石油冀东油田公司勘探开发研究院，河北　唐山　063004）

摘　要：注水开发是驱替地层原油、维持地层压力、有效改善油藏开发效果的首选措施，然而注水开发成败的关键因素之一是注入水与储层的适配性。针对南堡 1-5 区部分井存在注水压力不断上升、吸水指数降低、产液量逐年下降等生产问题，以南堡 13-52 井岩心及其注入水为研究对象，开展了储层特性研究、注入水水质评价、自身稳定性评价及注入水与储层动态配伍性实验研究。通过实验明确注入水对储层的伤害程度，量化注入水水质指标，优选注水水源，并为研究储层保护和增注工艺技术奠定基础，进而降低原油的生产成本，提高油田的经济效益。

关键词：注入水；储层；水质分析；配伍性

注水开发是油田保持地层压力、保证油田高产稳产的主要措施和手段，在目前及今后相当长的一个时期内，注水开发仍将是油田开发的主要方式[1]。注入水与储层的适配性是决定注水开发成败的关键因素之一，合理制定水质处理标准是保护油层、有效开发油藏的必要条件[2-3]。注入水与储层不配伍将严重伤害储层，并且注水过程造成的储层伤害具有周期长、类型复杂、分布广泛、伤害部位深等特点，还会因为中间的增注作业和解堵措施使伤害具有累加性和永久性[4-7]，因此，应综合评价注入水与储层的配伍性，在注水开发过程中尽量减少注入水对储层的伤害。本文选取已处理污水及浅层水源水与南堡 13-52 井岩心进行配伍性研究，通过储层研究，明确现今储层特征及外在流体对储层造成的伤害，并依此评价水质对储层结垢的影响，以及不同固相含量与粒径的注入水对储层的伤害程度。明确注入水与南堡 1-5 区储层的配伍性，量化注入水指标，优化注入水。

1　油藏地质概况

南堡 1-5 区位于南堡 1 号构造东南部，整体为断层复杂化的背斜构造。东三下亚段从北向南可分成南堡 1-89 断块、南堡 1-68 断块，含油断块圈闭面积 3.57～4.68km²，圈闭幅度 190～210m。其中南堡 105X1 断块、南堡 1-7 断块和南堡 1-68 断块为近年来产能建设区。本文主要针对南堡 1-68 断块储层与注入水配伍性展开研究。

南堡 1-68 区含油井段长、油层层数少、厚度较小，纵向上发育多套含油层系，平面上油层分布受构造、岩性等多重因素的控制，单个含油砂体面积小，属于复杂小断块油藏。从油层纵向、横向发育状况和主控因素分析，其油藏类型为发育在构造背景上的层状岩性油藏。

2　储层特征分析

2.1　岩石学特征

依据钻井取心井岩心分析资料，结合测井、岩屑录井、井壁取心等资料对储层的岩石学特征进行综合分析。东三下亚段储层主要为细砂岩和粉砂岩。岩石类型以岩屑长石砂岩为主，碎屑成分主要有石英、长石和岩屑，其中长石以斜长石为主。石英含量平均为 52.7%，长石含量平均为 27.3%，岩屑含量平均为 20.0%，且以中酸性喷出岩岩屑为主，变质岩屑其次，沉积岩屑少量，填隙物含量平均为 7.5%。碎屑颗粒呈次棱—次圆状，胶结类型主要为孔隙胶结，少量压嵌—孔隙胶结，颗粒接触关系以点——线接触为主。

2.2　物性特征

根据南堡 13-52 井取心分析化验结果统计，东三段储层孔隙度为 2.80%～21.9%，平均孔隙度为 14.0%，渗透率为 0.0240～31.3mD，平均渗透率为 2.45mD，属于低孔低渗透储层，且非均质性极强。

2.3　孔隙结构特征

对于渗透率小于 1mD 的储层,注水开发效果不明显,因此按照渗透率把样品分成两类。对于渗透率小于 1mD 的样品(表 1),其排驱压力为 0.200～

1.450MPa,平均孔喉半径为 0.041～0.731μm,均质系数为 0.029～0.327。对于渗透率大于 1mD 的样品(表 2),其排驱压力为 0.059～1.988MPa,平均孔喉半径为 0.025～1.995μm,均质系数为 0.067～0.195。

表 1　渗透率小于 1mD 样品孔隙结构特征

样品编号	样品深度 (m)	渗透率 (mD)	孔隙度 (%)	最大孔喉半径 (μm)	平均孔喉半径 (μm)	排驱压力 (MPa)	均质系数
68	3550.30	0.04	2.60	0.507	0.063	1.450	0.121
79	3551.95	0.21	12.7	1.784	0.052	0.412	0.029
30	3452.00	0.23	14.4	1.255	0.383	0.586	0.327
120	3561.55	0.24	14.4	0.510	0.065	1.443	0.124
111	3557.00	0.29	12.8	0.934	0.041	0.788	0.043
52	3455.90	0.40	13.9	1.768	0.120	0.416	0.068
105	3556.10	0.44	15.8	1.248	0.084	0.589	0.066
89	3553.70	0.58	15.6	0.943	0.134	0.780	0.140
148	3749.65	0.67	15.6	1.258	0.237	0.585	0.185
127	3562.65	0.69	13.5	1.252	0.250	0.588	0.195
41	3454.20	0.83	15.5	3.674	0.731	0.200	0.198
146	3749.35	0.88	13.5	1.252	0.167	0.587	0.130
151	3749.95	1.00	11.6	1.258	0.173	0.585	0.134

表 2　渗透率大于 1mD 样品孔隙结构特征

样品编号	样品深度 (m)	渗透率 (mD)	孔隙度 (%)	最大孔喉半径 (μm)	平均孔喉半径 (μm)	排驱压力 (MPa)	均质系数
134	3563.70	1.25	13.8	0.370	0.031	1.986	0.083
64	3546.50	1.29	11.6	5.933	0.577	0.124	0.095
61	3457.30	1.31	13.1	0.370	0.025	1.988	0.067
97	3554.95	1.95	14.7	2.413	0.500	0.305	0.203
21	3449.00	2.12	19.6	2.482	0.477	0.296	0.189
32	3452.45	2.21	20.5	1.253	0.128	0.587	0.100
43	3454.55	3.09	18.4	5.938	0.795	0.124	0.130
47	3455.20	3.27	18.7	0.939	0.122	0.783	0.127
103	3555.80	3.66	19.1	3.733	0.680	0.197	0.181
2	3445.65	3.66	20.4	3.689	0.632	0.199	0.173
58	3456.80	7.90	18.1	5.938	1.189	0.124	0.195
18	3448.60	11.5	19.4	9.679	1.299	0.076	0.132
6	3446.40	27.7	18.9	12.530	1.560	0.059	0.124
9	3447.00	30.2	20.7	12.530	1.995	0.059	0.156

从 30 块南堡 13-52 井储层样品的压汞实验结果统计,除 4 块样品的孔喉分布频率曲线呈单峰状,而其他大多数样品均呈双峰状或多峰状分布。如图 1 所示,少数样品"山峰"位置均偏左,即小孔喉数量

居多。从其渗透率贡献曲线中可以看出,这类样品中少数大孔喉对渗透率起主控作用。如图2、图3所示,大多数孔喉分布频率曲线呈双峰状或多峰状的

样品,均是数量占优的中小孔喉对渗透率起主控作用,因此,针对该储层应更加注重保护数量占优的中小孔喉的渗流能力。

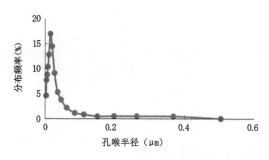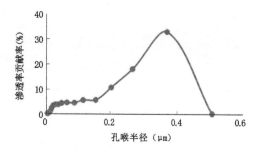

图1 南堡13-52井61号样品恒速压汞分析曲线

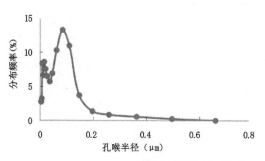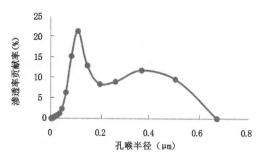

图2 南堡13-52井68号样品恒速压汞分析曲线

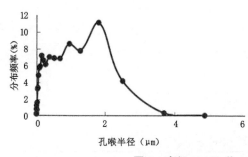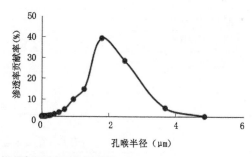

图3 南堡13-52井41号样品恒速压汞分析曲线

2.4 储层敏感性特征

南堡1-68断块东三段中黏土矿物主要为伊/蒙间层矿物(相对含量37.59%),其次是伊利石(相对含量23.21%)、高岭石(相对含量21.28%)、绿泥石(相对含量17.91%)。其中伊/蒙间层有较强的水敏性。在储层特征研究的基础上,参照《储层敏感性流动实验评价方法》标准,进一步通过敏感性实验弄清其储层伤害因素。南堡13-52井储层敏感性(表3)表现为弱—中等偏弱速敏、中等偏弱—中等偏强水敏、无—弱酸敏、无—弱碱敏,盐敏临界矿化度1786mg/L。

3 注入水水质评价

3.1 水质物理性质

评价南堡1-68断块两种注入水,从现场水样外观可见,处理污水浑浊且明显含有较多的悬浮物和油,而浅层水源水清透(表4)。利用电位滴定仪测定处理污水、浅层水源水的离子含量的结果见表5,两种水水型均为碳酸氢钠型。利用粒子分析仪测定处理污水、浅层水源水中固相含量和粒径中值,测试结果见表6。处理污水的固相含量和粒径中值超标,浅层水源水的固相含量和粒径中值均达标;所注处

理污水的悬浮固体粒径中值大于岩心最大平均孔隙　　半径(1.995μm),导致注入困难。

表3　敏感性分析化验结果表

样品	样品深度 (m)	渗透率 (mD)	孔隙度 (%)	速敏结果	水敏结果	盐敏临界矿化度 (mg/L)	酸敏结果	碱敏结果
4	3446.00	3.63	19.6	弱	中等偏强	3572	无	无
12	3447.50	3.48	18.0	中等偏弱	中等偏弱	1786	弱	弱
21	3449.00	2.12	19.6	弱	中等偏强	1786	—	弱
32	3452.45	2.21	20.5	无	中等偏弱	3572	无	弱
47	3455.20	3.27	18.7	弱	中等偏强	3572	无	无
64	3546.50	1.29	11.6	弱	中等偏弱	3572	中等偏弱	弱
13	3555.8	3.66	19.1	弱	中等偏弱	1786	弱	—

表4　水样外观评价

水样来源	颜色	透明度	气味	沉淀
处理污水	略泛黄	透明	无	无
浅层水源水	无色	透明	无	无

表5　离子含量分析

分析项目	处理污水	浅层水源井水
pH	8.34	8.45
Cl^-(mg/L)	1202	39
HCO_3^-(mg/L)	2074	555
K^++Na^+(mg/L)	1477	214
Ca^{2+}(mg/L)	65	9
Mg^{2+}(mg/L)	5	5
总矿化度(mg/L)	4838	822
水型	碳酸氢钠型	碳酸氢钠型

表6　固相含量和粒径中值分析表

悬浮固体 分析项目	处理污水	浅层水源水	行业标准 (2012年)	行业标准 (1994年)		
含量(mg/L)	6.3	0.5	≤1.0	A1≤1.0	A2≤2.0	A3≤3.0
粒径中值(μm)	2.312	0.859	≤1.0	A1≤1.0	A2≤1.5	A3≤2.0

注:标准分级依次为A1、A2、A3。

3.2　水质稳定性分析

油气田进入中后期开发后,由于压力、温度等条件的变化及水的热力学不稳定性和化学不相容性,往往造成注水地层、油套管、井下、地面设备及集输管线出现结垢,致使油气田注水压力上升、产液量下降甚至油气井停产,因此开展模拟常温及地层温度下两种水结垢情况的实验,在常温和地层温度的条件下,通过测定恒温箱里放置不同时间的水中主要成垢离子 Ca^{2+}、Mg^{2+} 等的浓度变化来研究水源水自身的稳定性。处理污水在常温及地层温度下钙离子含量变化如图4所示、碳酸氢根离子含量变化如图5所示。浅层水源水在常温及地层温度下钙离子含量变化如图6所示、碳酸氢根离子含量变化如图7所示。

从处理污水、浅层水源水中的成垢钙离子、碳酸氢根离子变化量可以看出:常温与地层温度下的处理污水不稳定,有碳酸钙结垢,地层温度下结垢量明显增加;常温下的浅层水源水稳定,但在地层温度下,浅层水源水也有明显结垢现象。相比浅层水源水,处理污水的结垢量更大,自身稳定性更差。

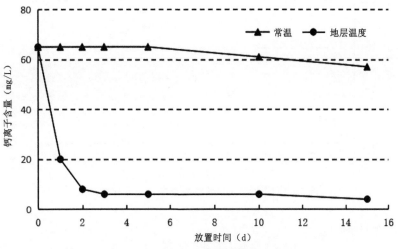

图 4　处理污水钙离子含量变化曲线

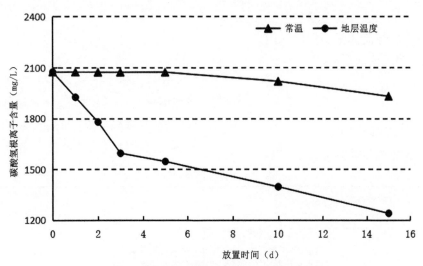

图 5　处理污水碳酸氢根离子含量变化曲线

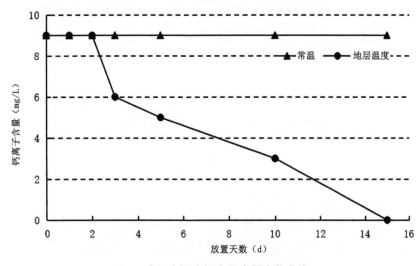

图 6　浅层水源水钙离子含量变化曲线

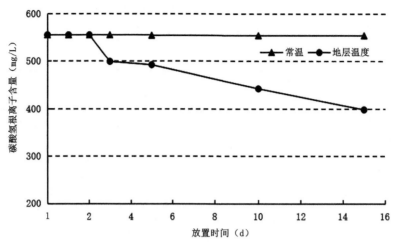

图 7　浅层水源水碳酸氢根离子含量变化曲线

4　注入水与储层配伍性研究

4.1　实验原理及方法

注入水与储层动态配伍性实验是通过测定岩心渗透率的变化来评价储层与流体配伍性的室内评价方法[8],其以达西定律为理论依据:

$$K_l = \frac{\mu L Q}{\Delta p A} \times 10^2 \qquad (1)$$

式中　K_l—— 岩石液体渗透率,mD;

　　　μ—— 测试条件下的流体黏度,mPa·s;

L—— 岩样长度,cm;

A—— 岩样横截面积,cm^2;

Δp—— 岩样两端压差,MPa;

Q—— 流体在单位时间内通过岩样的体积, cm^3/s。

选取南堡 1-5 区取心井南堡 13-52 井岩心,现场取南堡 13-60 井地层水、大站处理污水、浅层水源水,物性参数来自南堡 13-52 井分析化验资料,实验步骤及目的见表 7,岩心流动实验流程如图 8 所示。

表 7　实验流程及目的

岩心编号	井深（m）	气测渗透率（mD）	实验流程	实验目的
47-3	3455.2	2.57	①驱替泵分别驱替高压容器内的流体(氯化钾溶液、模拟地层水);②流体流经岩心夹持器,计量夹持器两端压差及流量后计算渗透率	选择渗透率基准值测试流体
47-5	3455.2	2.70		
32-4	3452.4	2.80	①利用不同孔径(0.22μm、0.45μm、0.8μm、1.5μm)的滤膜过滤处理污水;②驱替泵分别驱替高压容器内的流体;③流体流经岩心夹持器,计量夹持器两端压差及流量后计算渗透率	评价处理后不同固相含量、粒度中值的注入水长期注入的情况下对储层岩心的伤害规律和伤害程度,为现场的水质处理提供依据
47-1	3455.2	3.09		
32-5	3452.4	2.94		
4-1	3446.0	3.79		

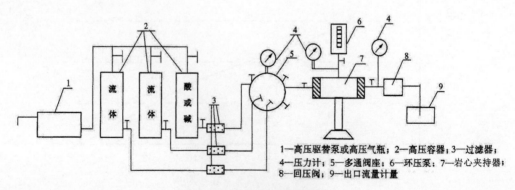

1—高压驱替泵或高压气瓶;2—高压容器;3—过滤器;
4—压力计;5—多通阀座;6—环压泵;7—岩心夹持器;
8—回压阀;9—出口流量计量

图 8　岩心流动实验流程图

4.2　实验结果

实验流体为初始流体选择的实验数据如图 9 所示，氯化钾溶液对岩心原始渗透率的影响小于模拟地层水，因此优选氯化钾溶液为后续实验初始流体；不同孔径的滤膜过滤的处理污水动态配伍实验数据如图 10 所示，四种注入水均对岩心渗透率产生伤害，且随着滤膜孔径的减小，伤害程度从 52.7% 降低到 22.6%，渗透率伤害率见表 8，大于 0.45μm 滤膜处理的污水，固相含量与粒径中值达不到《碎屑岩油藏注水水质推荐指标及分析方法》行业标准中 A1 水质要求。

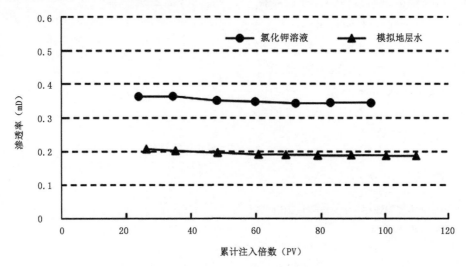

图 9　渗透率随注入倍数变化曲线

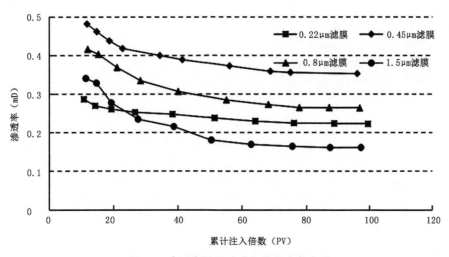

图 10　渗透率随累计注入体积变化曲线

表 8　不同流体的渗透率伤害率

使用流体	渗透率伤害率（%）
初始流体选择（氯化钾溶液）	5.58
初始流体选择（模拟地层水）	9.84
处理污水（0.22μm 滤膜）	22.6
处理污水（0.45μm 滤膜）	26.5
处理污水（0.8μm 滤膜）	36.7
处理污水（1.5μm 滤膜）	52.7

5　结论

（1）由南堡 13-52 井分析化验资料分析得到，对于渗透率大于 1mD 的样品，平均孔喉半径为 0.025～1.995μm，其中小孔喉对渗透率起主控因素，因此保护中小孔喉的渗流能力至关重要；五敏实验结果为弱—中等偏弱速敏、中等偏弱—中等偏强水敏；盐敏的临界矿化度为 1786mg/L。

（2）处理污水的固相含量和粒径中值超标，浅层水源水的固相含量和粒径中值均达标；处理污水悬浮固体粒径中值大于岩心最大平均孔喉半径，可能造成注水困难。

（3）常温与地层温度下两种注入水均不稳定，有结垢现象，垢物主要为碳酸盐垢。油藏温度下钙离子和碳酸氢根离子析出现象更明显。相比浅层水源水，处理污水的结垢量更大，自身稳定性更差。

（4）随着滤膜对注入水处理程度的加大，注入污水对渗透率的伤害程度从 52.7% 逐渐减小到 22.6%；大于 0.45μm 滤膜处理的污水，固相含量与粒径中值达不到 A1 水质标准，因此应加大对注入水的过滤程度，降低其固相含量和粒径中值。

参 考 文 献

[1] 吴新民,付伟,白海涛,等.姬塬油田注入水与地层水配伍性研究[J].油田化学,2012,29(1):33-37.

[2] 秦积瞬,彭苏萍.注入水中固相颗粒损害地层机理分析[J].石油勘探开发,2001,2(2):87-88.

[3] 张金波,于远成.注入水水质地层伤害因素室内研究[J].江汉石油学院学报,2001,23(2):53-55.

[4] 舒勇.桩西油田桩74块注浅层水可行性研究[J].油田化学,2002,19(4):340-342,357.

[5] 刘伟伟.草13区块注水水质与油藏配伍性研究[J].中国科技财富,2010(4):72.

[6] 尹先清,刘建,李玫,等.大港北部油田回注污水结垢性与配伍性研究[J].长江大学学报(自然科学版),2009,6(1):31-33.

[7] 李升方,李汉周.陈堡油田污水回注的配伍性分析[J].油气田地面工程,2003,22(8):22-30.

[8] 姜雷.油田注入水与储层流体配伍性的研究[J].内蒙古石油化工,2011(17):136-137.

第一作者简介 辛春彦(1989—),女,工程师,2015年毕业于西南石油大学石油与天然气工程专业,获硕士学位;现主要从事开发基础实验工作。

（收稿日期:2019-11-15 本文编辑:净新苗）

深层致密油藏
CO_2 混相压裂提高采收率技术研究与应用

龚丽荣　孙彦春　商　琳　卢家亭　赵　耀

（中国石油冀东油田公司勘探开发研究院,河北　唐山　063004）

摘　要:为探索深层致密油藏有效补充能量技术,以高尚堡深层高 5 断块 Es_3^{2+3} V 为研究对象,开展了 CO_2 驱提高采收率技术研究。研究表明,高 5 断块 Es_3^{2+3} V 由于储层孔喉细小,连通性差,单相启动压力高,导致该油组大部分油井因无能量补充已失效或处于低产阶段,目前采出程度仅 3.98%,单井日产油 2.1t。通过理论研究、室内实验等方法,通过压裂快速注入 CO_2,在地层压力下与原油混相,达到降低原油渗流阻力,同时补充能量,最终提高驱替效率的目的。现场实施情况表明,该项技术可以实现致密油藏有效驱替,研究成果对同类油藏改善开发效果具有指导意义。

关键词:致密油藏;CO_2 驱;混相压裂;提高采收率

致密油藏属于非常规油气藏,在储层中油气连片分布,没有明显的圈闭和盖层的界限,无统一的油、气、水界面和压力系统,流体组分差异较大,储层渗透率不大于 0.1mD。我国致密油藏主要分布在松辽盆地、鄂尔多斯盆地、四川盆地等,随着开发的逐渐深入,致密油藏开发受到极大重视,也成为今后的重点工作[1]。

注水开发在致密油藏的应用过程中,时常面临着注入压力高、注水不见效等问题。由于气体具有易流动、可降低原油黏度、降低界面张力和使原油体积膨胀等作用,为此人们开始探讨致密油藏注气开发的可行性。目前,国内外的科研机构已经将注气工艺视为除了热采等提高原油采收率措施之外的首选,与传统的注水驱替相比较,注气混相驱替更有可为,平均提高采收率约为 16.4%[2]。

冀东油田高尚堡深层高 5 断块 Es_3^{2+3} V 油组为致密油藏,储层物性较差,孔隙度、渗透率低,储层平均孔隙度为 17%,储层渗透率一般为 2.1mD。由于储层孔喉细小,注水启动压力高,难以建立有效驱替,导致高 5 断块 Es_3^{2+3} V 油组大部分油井因无能量补充已失效或处于低产阶段,目前采出程度仅为 3.98%,单井日产油2.1t。因此,高 5 断块 Es_3^{2+3} V 油组急需转变开发方式、改善开发效果、提高采收率。

1　致密油藏注 CO_2 提高采收率机理

1.1　CO_2 性质

常温常压下 CO_2 为无色无味的气体,摩尔质量为 44.01g/mol,相对密度略大于空气,溶于水形成有腐蚀性的碳酸。化学性质不活泼,不可燃烧,在澄清的石灰水内发生化学反应产生 $CaCO_3$ 沉淀,使得液体变浑浊。标准状况下其密度为 1.98kg/m³,黏度为 0.0138mPa·s。不同的温度和压力下,CO_2 可以呈固态、液态、气态及超临界态,临界点温度为 304.2K,临界压力为 7.495MPa[3]。

1.2　CO_2 混相驱油机理

研究区块属于致密油藏,目前仍处于开发早期,油藏采出程度低,基本不含水,有利于 CO_2 混相驱注采工艺的实施;油藏埋深在 3500～3900m,原始地层压力为 39～58MPa,压力系数为 1.2～1.53,地饱压差大,地层易与 CO_2 形成混相。

CO_2 混相驱作为提高石油采收率的重要方法之一[4],其基本原理是将注入的 CO_2 和原油在油藏地质条件下达到混相的驱替过程,主要通过消除相间界面张力和孔隙介质的毛管力以降低油藏内残余油饱和度,进而达到提高原油采收率的目的,在 CO_2 混相驱替过程中,其最重要的提高采收率机理是通过抽提原油中的轻质成分,实现油气混相,大幅度降低毛细管力,提高原油流动性;CO_2注入能够明显改善岩心渗透性,主要原因是CO_2可以溶蚀地层部分矿物成分,以使其疏通微小孔喉,孔隙变大,连通性变好;CO_2与原油混相后可以采出小孔隙和盲管中的剩余原油,提高驱油效率;注入CO_2过程中原油体积膨胀,有效补充地层能量[5]。

1.3 CO_2混相驱油室内评价

1.3.1 地层原油注CO_2相态实验

针对研究区地层油在地层温度下进行CO_2膨胀实验,目的是研究CO_2注入后对流体的相态影响。将CO_2按照物质的量的百分数为0、10%、20%、30%、40%、50%、60%及70%加入原油中,每次加气后逐渐加压使CO_2气体在油中充分溶解达到单相,测定CO_2对原油饱和压力、膨胀系数、原油黏度及密度的影响。

(1)随着注入CO_2量的增加,地层原油饱和压力逐渐升高,表明地层油对CO_2有较强的溶解能力。

(2)随着原油中溶解CO_2量的增多,地层油体积膨胀系数增大,表明CO_2具有较强的膨胀地层原油的能力。

(3)随着原油中溶解的CO_2量的增加,地层油黏度降低,表明CO_2对地层油有很好的降黏效果,可以改善地层油的流动性。

(4)随着注入CO_2比例逐渐增大,地层原油性质逐渐变好,其轻质组分逐渐增多,重质组分相对减少,地层原油密度也逐渐减小[6]。

1.3.2 地层原油注CO_2最小混相压力实验

为探索研究区注入CO_2提高采收率的可行性,开展了注入CO_2的最小混相压力测定。实验压力共选择了6组,其中,21MPa、23MPa、25MPa下的原油采出率分别为65.02%、74.08%、82.93%,属于非混相状态;其他3组压力,27MPa、29MPa、31MPa下的原油采出率分别为90.36%、94.36%、96.66%,属于混相状态。

在各个实验压力下原油采出率随着时间增加呈线性增加趋势,达到气窜后增加幅度急剧下降,原油采出率趋于稳定,如图1所示。

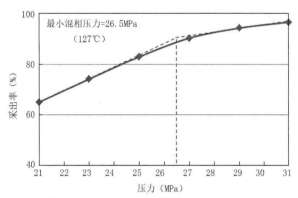

图1 高深北区注CO_2最小混相压力实验

根据原油最终采出率随压力的变化关系,分别做非混相和混相时的直线,两条直线的交点所对应的压力即为在该油藏温度下注CO_2时的最小混相压力,约为26.5MPa[6]。

1.3.3 全直径长岩心驱替实验

针对研究区实际岩心(57.05cm),在地层温度下开展长岩心驱替实验,对该组岩心先进行水驱,在含水率达到100%时停止注水开始注CO_2,这时水驱的驱替效率为45.14%。随着CO_2注入量的增加,驱替效率增加,驱替压力先急剧上升后缓慢下降,含水率急剧下降,随着CO_2注入量的继续注入,驱替效率不再增加,水驱后CO_2混相驱最终的驱替效率为72.4%,水驱后CO_2驱驱替效率比水驱提高了38.7%(图2)。因此,对该地区水驱采收率很低,油田很有必要进行CO_2驱。

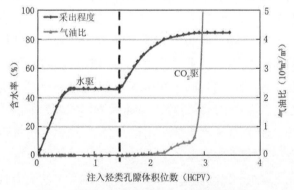

图2 高深北区水驱后转CO_2驱采收率曲线

2 CO_2混相压裂试验方案

基于CO_2混相驱油机理及室内实验结果,结合研究区实际油藏情况,开展CO_2混相驱先导试验方案,试验致密油藏定向井能量补充开发方式,提高单井产量,最终提高致密油藏采收率的目的。

2.1　试验区的优选

基于以下选区原则开展试验区优选:储层连通性好,剩余储量规模大;对应油井数多,便于压裂效果评价;井况简单,工艺实施难度小。优选研究区 G23-39 井区为试验井组,该井组砂体规模较大,砂体宽带为 200～350m,砂体厚度为 2～17.4m,井间砂体连通率为 45%～72%,主力层系为 V14—V18。

该试验区共 6 口井(1 口注水井、5 口采油井),控制地质储量为 $41.5×10^4t$,试验注入 G23-39 井与 G32-45 井,G23-21 井和 G23-22 井连通较好,连通率分别为 70%、100%,累计产油 $1.18×10^4t$,累计产水 $0.15×10^4m^3$,累计注水 $0.4×10^4m^3$,累计注采比 0.32,试验层位为 V14、V17、V18。

2.2　开发技术政策优化

结合试验区地质特征及流体性质,建立数值模拟地质模型,开展试验区历史拟合,基于油藏数值模拟技术研究开展 CO_2 混相驱压裂技术政策优化。

2.2.1　压裂前置段塞介质优选

分别设置 CO_2、水基压裂前置段塞方案与基础方案(水驱),对比 3 年后累计产油变化,结果显示压裂方案优于基础方案,前置 CO_2 段塞效果优于水基压裂方案(图 3)。从单井日产油曲线也可以看出,前置 CO_2 段塞效果最优(图 4)。

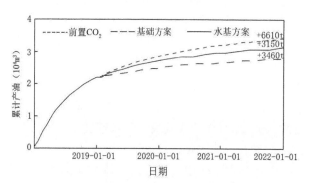

图 3　不同注入介质阶段累计产油曲线

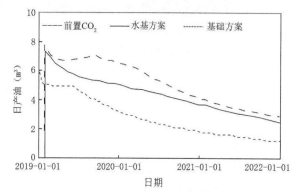

图 4　G32-45 井日产油曲线

2.2.2　注入井 CO_2 混相压裂后注水可行性

针对注入井 CO_2 混相压裂后注水可行性,设置不同对比方案,结果显示注入井混相压裂后,常规注水很快注水憋压,注入压力过高,无法继续补充能量,现场可行性差(表 1)。

表 1　不同注入介质阶段累计产油、累计注入、注入压力表

方案名称	混相压裂阶段累计产油(m^3)	累计注入(m^3)	注入压力(MPa)
注入井 CO_2 混相压裂	1.25	0	压力逐渐下降
注入井 CO_2 混相压裂+常规注水	1.27	275	注水憋压

2.2.3　注入量优化

(1)数值模拟法。

设置不同 CO_2 注入量,模拟不同注入量下的增油量。根据 CO_2 注入 PV 数与增油量的关系曲线可以得出,随着注入 PV 数的增加,增油量在增加,注入 CO_2 量为 0.06HCPV 时,增油量增加缓慢,因此,确定注入量为 0.06HCPV,折算 CO_2 注入量为 $2960m^3$。

(2)物质平衡法。

根据物质平衡方程(式 1),得到压力系数和注入量的曲线(图 18),压力系数升高至 1.25,所需 CO_2 注入量为 $3200m^3$。

$$N_pB_o+W_pB_w-W_{inj}B_w=V_j-NB_{oi}C_{eff}\Delta p \quad (1)$$

式中　N_pB_o——累计产油量,10^4t;

W_pB_w——累计产水量,10^4m^3;

$W_{inj}B_w$——累计注水量 10^4m^3;

V_j——注入气体体积,10^4m^3;

B_{oi}——原油体积系数;

C_{eff}——油藏有效压缩系数;

Δp——油藏压降,MPa;

N——地质储量,10^4t。

综合数值模拟法和物质平衡法及外溢量,最终确定液态 CO_2 注入量为 $3300m^3$,绘制不同波及半径对应注入量图版,确定注入液态 CO_2 $3300m^3$,对应波及半径为 98m。

2.2.4　注入速度优化

设置注入 CO_2 的速度分别为 $500m^3/d$、$1000m^3/d$、$1500m^3/d$、$2000m^3/d$，对比阶段末的采出程度显示，随着注入速度增加，采出程度逐渐升高，当注入速度达到 $1500m^3/d$ 后，采出程度增量逐渐降低，因此，选取注入速度 $1500m^3/d$ 为最优注入速度。

2.2.5　焖井时间优化

焖井的主要作用是使注入气体与原油充分发生反应。若焖井时间过短，注入气体没能与地层流体充分反应，造成注入流体浪费；但焖井时间过长，会消耗注入气体的膨胀能，且注入气体还会从原油中分离出来，降低其利用率[7]。设置井口不同的压降下开井，根据井口压降和采收率增幅关系曲线，随着井口压降的升高，采收率增幅逐渐降低，当井口压降大于 0.1MPa 时，采收率增幅急剧下降，因此，选取井口压降小于 0.1MPa 为最优开井时机。

2.2.6　年平均单井日产油论证

分别设置试验井组油井日产油量为 10t 的定油量生产，数值模拟结果显示（图5、图6），试验区内油井第一年平均最高单井产能为 7～8t，第二年年平均单井产能 5～6t，第三年年平均单井产能 3～4t。

2.2.7　方案比选

基于相同注入量，设置不同的比选方案，结果显示方案二水井混相压裂，油井不压裂效果最好，井组阶段末采出程度最高（7.2%）。主要是该井组采出程度低，连通性好，建立井间驱替可有效提高储量动用程度，增加单井产量。该方案投入产出比为1∶3.32（表2），具有较好的经济效益。

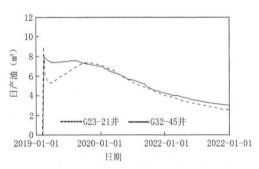

图5　试验油井单井日产油曲线

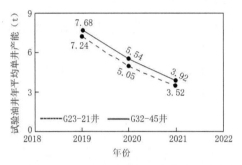

图6　两口试验油井年平均单井日产油曲线

表2　不同方案技术经济评价结果表

方案名称	压裂井数（口）	混相压裂阶段累计产油（10^4t）	阶段末采出程度（%）	总费用（万元）	投入产出比
基础方案—无措施	0	0.58	5.8	0	
水井混相压裂，油井不压裂	1	1.25	7.2	600	1∶3.32
水井混相压裂，G23-21井、G23-22井混相压裂	3	1.17	7.08	1650	1∶1.20
水井混相压裂，G32-44井、G32-43井混相压裂	3	1.08	6.81	1650	1∶1.10
水井混相压裂，G23-21井、G23-22井、G32-44井、G32-43井混相压裂	5	0.93	6.52	2295	1∶0.68

2.2.8　指标预测

通过数值模拟预测 3 年后 CO_2 混相压裂及基础方案效果，结果显示 CO_2 混相压裂方案效果较好，较基础方案增油 $0.65×10^4$t（图7）。平均单井累计增油 1300t，其中 G32-45 井、G23-21 井效果最好（图8），采出程度较基础方案提高了 1.4%。2022 年剩余油饱和度较基础方案下降了 2.7%；油藏整体采出程度较基础方案提高了 1.6%，波及系数提高了 18%。

3　CO_2 混相压裂现场应用

目前，高 5 断块实施 CO_2 混相压裂—吞吐现场试验 2 口井，其中 G123X9 井增油效果明显，截至目前，累计增油 1805t，投入产出比为 1∶1.6。G123X9 井单采高 5V 油组，2018 年 9 月实施 CO_2 混相压裂，注入液态 CO_2 $450m^3$，折合地下体积为 0.02HCPV。G123X9 井注气 8d 后临井 G23-48 井见效，有效期约 20d，增油 106t（图9）。

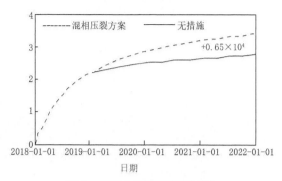

图 7　不同方案指标预测对比

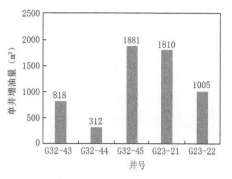

图 8　试验区油井单井增油量对比图

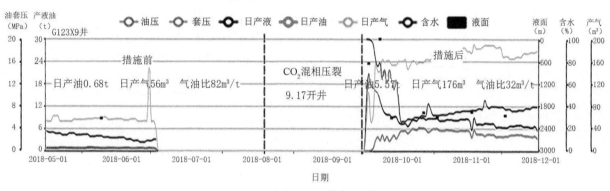

（a）G123X9 井生产曲线

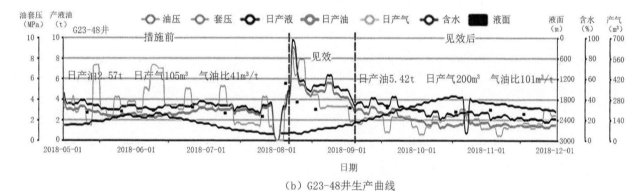

（b）G23-48 井生产曲线

图 9　G123X9 井与 G23-48 井生产曲线

根据现场试验结果，得到以下 3 点启示。

（1）G123X9 井注 CO_2 气 8d 后 G23-48 井见效，表明通过压裂方式快速注入 CO_2 可以建立有效驱替，G23-48 井见效稳定后，产气量略有增加，CO_2 约占 30%，但 G123X9 井开井后产气量明显增加，且气体组分以 CO_2 为主，占到 70%，导致 CO_2 利用率降低，表明吞吐比气驱补充能量效率低。

（2）G23-48 井见效 20d 后产量明显下降，而 G123X9 井仍在焖井，表明若以驱替方式补充能量，CO_2 注入量明显不足，通过物质平衡法计算 CO_2 注入量需要 0.06HCPV，折合地面液态 CO_2 1400 m^3。

（3）G123X9 井注入 CO_2 以 37m/d 的速度推进至 G23-48 井底，且见效初期产气量台阶式增加，因此，为了使 CO_2 与原油充分混相，注入井注 CO_2 期间，采油井应关井，避免 CO_2 未与原油充分混相而被采出，待 CO_2 充分混相后开井。

4　结论

（1）注 CO_2 驱机理主要是通过压裂快速注入 CO_2，达到降低原油渗流阻力、降低启动压力梯度，同时补充能量、最终提高驱替效率，提高油田开发效益的目的。

（2）根据该研究区地质特征,进行 CO_2 驱技术政策论证,通过设置不同的注入速度、注入量、焖井时间以及开井产量,进行方案设计及优选评价,在注入速度为 1500m^3/d 时,注入量为 3300m^3 液态 CO_2 的混相驱压裂方案。模拟得到的 CO_2 驱方案比原方案增油 0.67×10^4t,能有效提高采收率1.6%。

（3）G123X9 井 CO_2 混相驱压裂技术的成功应用将对同类油藏改善开发效果及未动用储量的有效动用提供指导,具有较大推广潜力。在下一步工作中,应吸取经验教训,还需要进一步的经济效益评价,确保开采方案经济上的合理性和可实施性,降低施工风险,提高经济效益。

参 考 文 献

［1］ 李超.DZ 低渗透油藏 CO_2 吞吐数值模拟研究［D］.成都:西南石油大学,2017.

［2］ 杜高强.特低渗透油藏注气开发技术研究［J］.化工管理,2014（11）:129.

［3］ 梅华.致密油藏注 CO_2 提高采收率机理及数值模拟分析［J］.化工管理,2017（16）:224.

［4］ 李士伦,郭平,戴磊,等.发展注气提高采收率技术［J］.西南石油学院学报,2000,8（3）:41-45.

［5］ 李永太.提高石油采收率原理和方法［M］.北京:石油工业出版社,2008.

［6］ 周海菲.特低渗透油藏 CO_2 混相驱实验研究［D］.大庆:东北石油大学,2008.

［7］ 李孟涛,杨广清,李洪涛.CO_2 混相驱驱油方式对愉树林油田采收率影响研究［J］.石油地质与工程,2007,21（4）:52-54.

第一作者简介　龚丽荣(1991—)女,工程师,2013 年毕业于西南石油大学石油工程专业;现主要从事深层油气藏开发工作。

（收稿日期:2019-12-27　　本文编辑:张国英)

利用井温测试资料优化热洗清蜡法

刘 磊 靳鹏菠 孙 琳 宋立媛

（中国石油冀东油田公司陆上作业区，河北 唐海 063299）

摘 要：高 5 断块原油含蜡量及胶质沥青质含量较高，大约在 20% 左右，油井管壁每年结蜡厚度为 3～5cm，为避免结蜡影响生产，需定期清蜡。目前现场使用的三步热洗法清蜡不彻底，效果不佳，导致油井检泵周期较短。在对热洗过程中的热传导原理及洗井过程中井温测试资料分析的基础上，发现问题原因并创新出两步热洗法，加大了热洗阶段的洗井量，明确了判定清蜡是否彻底的评判依据。在高 5 断块使用后，油井检泵周期延长 130d，效果良好。

关键词：井筒结蜡；油井热洗；热传导；井温测试；检泵周期

油井在正常的生产过程中，随着温度的降低，原油中的石蜡会凝析在油管壁上，逐渐增厚，进而影响油流通道，降低产量，严重时会发生卡井，导致油井无法正常生产。目前的清蜡方式主要分为物理清蜡和化学清蜡，物理清蜡是利用热水、热蒸汽等流体把井筒内蜡融化后携带出井筒，化学清蜡是依靠化学药剂与蜡发生化学反应消除或起到抑制作用。热洗清蜡是生产中较常用的清蜡方法，通常采用三步热洗法，即利用泵车向井筒内反洗注入活性水疏通洗井通道，再注入高温活性水融化蜡，最后利用活性水将井筒冲刷，清除残余蜡。但现场跟踪分析发现，三步热洗法清蜡并不彻底，因此，需要对热洗清蜡方法进行优化。

1 热洗原理

地面加热后的流体物质，主要是水，通过在井筒中循环传热给井筒内流体，提高井筒内流体温度后使蜡熔化，再被携带出井筒，达到清蜡的目的。热洗过程中洗井液从套管泵入，充填油套环空，横向热量传导对象主要为外套管外部地层与内部油管[1]。

热洗前井筒环空温度按地温梯度增加，高 5 断块油藏地温梯度为 3℃/100m[1]。油套环空内如充满液体，温度变化趋势应与地温梯度变化趋势基本一致。但大部分油井油套环空并不处于充满状态，因此，在热洗时其温度变化趋势较为复杂。

热洗时油套环空不断被洗井液充满，热交换的过程中离地表较近的油套环空率先受热传作用升温。在此过程中洗井液损耗热能降温后继续下行。由于洗井液热能的损耗，加热效应变差，离地表越远的油套环空在初期升温变慢。但由于地温效应的存在，升温并非绝对的越远越慢。当洗井液温度下降至接近同深度地层温度时，环空温度开始按地温梯度规律上升。洗井过程中，洗井液带来持续的热能，不能弥补近地表和其下油套环空的温差，直至油套环空充满，温度基本一致，如图 1 所示。

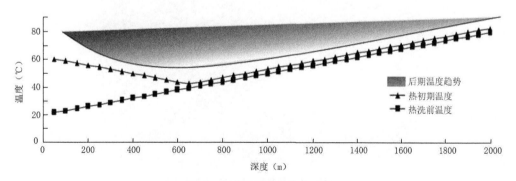

图1 热洗期井温变化示意图

2 常规热洗法现状

2.1 常规热洗流程

常规热洗方法分为3步(见表1)。

第1步:大排量冲洗建立洗井通道;

第2步:升温熔蜡,当井口返清水时判断为清蜡完成;

第3步:再大排量冲携残余蜡块进行效果确认。

高5断块油藏油井单次热洗水量一般为70m³,含水恢复期4d,有效期60d。

2.2 热洗法使用现状

高5断块油井结蜡比较严重,原油含蜡量平均为17.10%,胶质、沥青质含量平均为17.74%,蜡熔点平均为61.5℃,析蜡点温度变化范围为39～41℃。现场统计结蜡速度为每1年杆、管结蜡6～8mm,结蜡深度为0～1000m。

高5断块油藏是注采调控重点监视区块,监测数据完善。根据10口试油井测静压资料和11口井70个点RFT测试资料,一般油藏中部压力为31.5～44.7MPa,压力系数为1.01～1.36,平均为1.25,为高压异常油藏,因此,漏失影响可控性较高,其主要依靠定期热洗清蜡维持生产。

以2013年为例,实施热洗清蜡措施17井次,但维护效果不佳,平均检泵周期仅367d,与陆上油田作业区平均检泵周期650d比相差283d,见表2。

分析躺井原因,其中5口井原因为结蜡,占总数71.4%。该5口油井均在作业前60d内完成过热洗清蜡措施,但作业过程中观察起出管柱,发现仍能见到明显结蜡现象,管柱平均结蜡厚度6mm,确认热洗清蜡并未达到效果,如图2所示,分析结果见表3。

表1 常规热洗法信息表

步骤	入井液温度 (℃)	排量 (L/min)	理论洗井量	一般洗井量 (m³)	耗时 (h)	目的描述
1步	60	400	1.0个井筒容积	20	1	低温大排量冲洗至井口返洗井液,建立洗井通道,防止加温后管壁蜡块掉落堆积卡泵
2步	95	150	1.5个井筒容积	30	3	提升洗井液温度,利用热量熔化管壁存蜡并冲携出井筒,洗至井口返洗井液
3步	60	400	1.0个井筒容积	20	1	低温大排量冲洗,利用冲击力携带出油管内残余蜡块,洗至井口返洗井液
合计				70	5	

表2 G5断块油井生产信息表

区块	断块	井数(口)	日产油量(t)	主要清蜡方式	2013年躺井(次)	影响产量(t)	2012年平均检泵周期(d)
高深北区	G5	56	143	热洗	7	1351	367

图2 高5-80井作业起出杆管结蜡严重

表 3　热洗清蜡效果分析表

序号	井号	生产情况				作业情况
		日产液量（t）	日产油量（t）	含水率（%）	检泵周期（d）	
1	G5-78	3.7	3.7	0.8	298	0～500m 杆柱结蜡严重,管壁结蜡厚度 7mm
2	G32-13	12.5	12.4	0.6	301	200～800m 杆柱结蜡严重,管壁结蜡厚度 5mm
3	G32-32	7.1	5.8	17.9	313	300～750m 杆柱结蜡严重,管壁结蜡厚度 5mm
4	G5-P2	20.9	5.4	74.4	325	200～700m 杆柱结蜡严重,管壁结蜡厚度 6mm
合计	5 口	57.4	40.4			

3　井温测试分析

在高 5-36 井热洗时采用连续井温测井获得井温剖面。热洗前录取一组井温数据,验证地温梯度数据,从现场测试结果看,温度确实随深度线性增加,变化规律基本符合 3℃/100m 的地温梯度变化[2]。

热洗清蜡时记录井温数据,在三步热洗法结束时结蜡井段 0～1000m 内仅 200m 以内高于蜡熔点（60℃）,200～1000m 处最高温度仅 42.8℃,远低于蜡熔点,如图 3 所示,200m 以下的结蜡井段温度低于蜡熔点是常规洗井方法无法满足清蜡温度需求的主要原因。

分析温度未能升高的原因发现,热洗过程中热量传导对象主要为套管外部地层与内部油管。视单位横截面上油套环空内洗井液及其传导对象为一系统,其所含总能量为固定值[3]。在热平衡过程中,同一时间点系统温度一致且稳定上升,即单位时间有固定热量由洗井液传导至内、外传导对象且上升相同温度。管壁热损不计,传导内对象假设为水,外对象为套管外水泥。$C_水 = 4200J/(kg \cdot ℃)$,$C_{水泥} = 8500J/(kg \cdot ℃)$,$\rho_水 = 1.0g/cm^3$,$\rho_{水泥} 3.0g/cm^3$,单位质量的两种物质上升 1℃时吸收能量比为:

$$C_水 \rho_水 : C_{水泥} \rho_{水泥} = 1 : 6$$

式中　C——比热熔;

　　　ρ——密度。

即油套环空内洗井液热量的 85.7% 作用于水泥层,仅 14.3% 作用于油管内。大部分热量损耗在环空外水泥层上,因此,加热效率较低,结蜡段未能到达蜡熔点。

4　方法优化

井温测试数据表明,随热洗时间的增加,井筒环空温度确实为逐渐上升的趋势。三步热洗法加热过程过短,未能达到升温预期。因此,若欲达到理想清蜡过程,必须加大热洗量,保证结蜡井段温度接近蜡熔点[4]。

依据 G5-36 井井温测试数据,当加温期入井液温度恒定、流量恒定时,单位时间井筒得到能量恒定。将阶段井筒内温度上升平均值 4.8℃ 与阶段泵入量 20m³ 相比,得到热洗液量与井筒升温关系的经验系数为 0.24℃/m³。通过计算得出结论:热洗过程中若欲将 1000m 处加热至 60℃,热洗时间需增加至 8～9h[5],见表 4。

根据井温数据显示,热洗初期一段时间内环空温度远低于蜡熔点。因此,在热洗初期依靠冲刷作用把井筒内疏松蜡清理完毕后,井口会出现一段返蜡的真空期。随后温度上升直至蜡熔点,井筒内蜡开始熔化,随洗井液排出。因此,第二次返蜡的结束可作为清蜡完成的评判依据[6]。

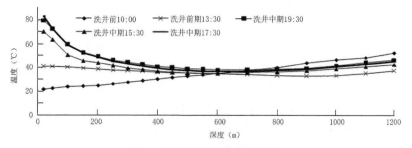

图 3　热洗时井温数据汇总图

表4 增温系数分析信息表

时间	深度(m) 温度(℃) 20	50	100	150	200	250	300	350	400	450	500	550	600	700	800	洗井量
16:30	70.1	63.3	50.6	45.7	43.8	41.6	39.8	38.1	36.9	36	35.5	35.1	35.2	35.9	36.5	20m³
17:30	82.8	72.5	59.3	52.5	48.8	45.2	43	41.2	39.6	38.4	37.7	37.1	36.9	37	37.6	井筒增温
19:30	79.6	72.3	59.5	52.5	49.3	46.2	44.3	42.6	41.1	40	39.3	38.7	38.4	38.2	38.6	4.8℃

热洗时间的延长需要增加入井液量。为避免污染油藏,做好油层保护工作,在第2步热洗熔化蜡完成后,将原有的第3步冲洗步骤取消。在延长热洗时间达到清蜡效果的同时,保证整体洗井液量不过量增加[7],见表5。

5 现场应用效果

选G5-36井再次实施洗井实验,采取微泡暂堵剂效果良好,总洗井量为71m³,全程平均漏失比为17.7%,全程漏失液量仅12m³。在第1步大排量洗井液冲洗后,继续加热,6h开始见到二次返蜡,证明井筒第一次返蜡为冲刷携带疏松蜡,第二次为增温后熔化硬蜡。措施前后杆应力下降11%,含水在3d内恢复至洗井前水平,效果理想。施工时间增加3h,成本仅增加3000元。

2017年在G5断块按照两步热洗法实施热洗清蜡7井次,减少结蜡影响躺井5井次,断块抽油机井平均检泵周期延长至515d,延长148d,见表6。

表5 两步热洗法信息表

洗井阶段		清蜡效果	时间(h)
阶段一	阶段二		
大排量低温冲洗1个井筒容积	小排量高温冲洗3.5个井筒容积	0~1000m熔化硬蜡	8~9

表6 G5油井热洗情况分析表

序号	井号	生产情况 日产液量(t)	日产油量(t)	含水率(%)	检泵周期(d)	热洗时间(h)	油保方法	含水恢复期(d)	过程描述
1	G5-36	11.2	11.1	0.7	423	7	微泡暂堵剂	3	2时返蜡,3时返清水,6时二次返蜡
2	G36-36	14.8	10.1	31.7	495	8	微泡暂堵剂	4	1时返蜡,2时返清水,5时二次返蜡
3	G5-52	13.0	10.0	22.9	485	8.5	微泡暂堵剂	3	1时返蜡,3时返清水,6时二次返蜡
4	G5-80	14.8	10.0	32.8	535	9	防污染管柱	2	1时返蜡,4时返清水,6时二次返蜡
5	G32-15	9.9	9.8	0.6	552	10	防污染管柱	3	2时返蜡,3时返清水,7时二次返蜡
6	G5-34	24.3	9.2	62.3	571	9.5	防污染管柱	4	1时返蜡,2时返清水,8时二次返蜡
7	G5-70	8.9	8.8	1.4	587	8	防水锁剂	5	1时返蜡,2时返清水,6时二次返蜡
合计	7口	96.9	69.0		521			3	

6 结论

(1)基于洗井过程井筒温度变化的测试,描述了井筒温度场的分布,为油气体开发中井筒环空温度及注入流体后温度变化等研究提供理论基础。

(2)创新出两步热洗法。在不增加洗井总量的基础上,增加了加热阶段洗井量,保证了洗井清蜡效果。同时明确了二次返蜡的清蜡完成评判依据。该方法为油井清防蜡管理提供了一种新的可靠的技术手段。

(3)现场试验表明,优化调整后的两步热洗法具有清蜡效果彻底,有效期长的特征,单次清蜡有效期可增加至120d。实施效果良好,具有较好的推广应用前景。

参 考 文 献

[1]　罗英俊.采油技术手册[M].北京:石油工业出版社,2006.

[2]　吴锡令.生产测井原理[M].北京:石油工业出版社,1997.

[3]　杨芳,陈再峰,刘继生.井温测试资料在油井热洗作业中的应用[J].油气井测试,2005,14(4):22-23.

[4]　尹训华.机采井热洗过程井温变化规律[J].油气田地面工程,2012,31(11):47-48.

[5]　赵启成,李敏,刘晓燕,等.热洗井泵筒处温度简化计算[J].油气田地面工程,2013,22(1):7-8.

[6]　廖锐全,徐永高,胡雪滨,等.水锁效应对低渗透储层的损害及抑制和解除方法[J].天然气工业,2002,22(6):87-88.

[7]　何国幸,胡玉禄,魏嘉,等.华北地温场特征[J].科技信息,2009(31):35-36.

第一作者简介　刘磊(1987—),工程师,2015 年毕业于中国石油勘探开发研究院矿产普查专业,获工学硕士学位;现主要从事采油工程及油气田开发方面工作。

(收稿日期:2019-12-22　　本文编辑:张国英)

人工岛密集丛式井钻井防碰优化设计研究

侯 怡

(中国石油冀东油田公司钻采工艺研究院,河北 唐山 063004)

摘 要:密集丛式井具有井网密度大、井间距离小等特点,防碰问题是一大难点,随着油田开发的深入,原整体规划设计与建设的井口数量不能满足加密开发钻井部署的要求,需要在现有的空间内批量增添新的井口,无整体规划的部署大幅度地增加了钻井井眼轨道防碰设计与施工难度,碰撞风险是钻常规井的几倍。为实现井眼轨迹的安全穿越,通过采用井口优选、轨道防碰设计、建立加密井风险定量评估模型以及借助软件辅助计算等关键技术,形成了一套加密调整井密集丛式井防碰技术,对其他区域老平台加密钻井防碰设计与施工具有借鉴意义。

关键词:密集丛式井;井眼轨道;防碰;钻井风险;定量评估

南堡滩海油气藏位于冀东油田海油陆探、陆采区域,主要依靠人工岛及陆岸平台对其进行钻井勘探开发,可供钻井的地面面积十分有限,钻井呈现井口密集、间距小、井眼碰撞风险等特点。随着油田开发的深入,人工岛及陆岸平台在可利用空间接近饱和的情况下,后续追加的调整井面临着更加严峻的防碰形势。因此,井眼防碰成为密集丛式井作业的重中之重,需要在工程施工前对井眼轨道进行精细的防碰设计,降低密集井网工况下井眼发生交碰事故的概率,减少碰撞事故造成的损失。

1 井眼轨道防碰设计技术

以南堡 1-3 人工岛为例,岛体总面积 200 亩左右,供钻井使用的面积为 100 亩,受地面条件限制,为适应快速建产的需要和最大化地发挥丛式井的优势,主要采用整拖基础进行钻井施工,整体部署井口150 个,设计一拖四基础 30 座,井口间距 4m。经过10 多年的开发,通过相关技术的研究与实践,目前 3号岛已完钻井二百多口,井口数量远超初期设计部署,实现了利用有限地面空间进行井眼加密,满足了后续井眼安全穿越与加密井网的开发,形成了一套密集井口丛式井钻井防碰设计技术。

1.1 开发初期井眼轨道防碰设计技术

1.1.1 技术难点

(1)井口间距小,上部井段与邻井的防碰问题十分突出,尤其是直井段防碰风险是最突出的特点之一。

(2)上百口井井眼轨道一次性整体规划设计难度大。

(3)随着对地下油气藏认识的不断更新,难免需要对开发方案进行调整,有时一口井地质方案的调整会牵涉后续所有待钻井轨迹的调整和防碰,有可能导致井口使用无序化,甚至造成有井口无法利用,防碰风险激增的后果。

1.1.2 防碰设计关键技术

(1)丛式井组井口分配。

针对井口的部署特点,制定井口预留、井口分区、井口排间、井口同排等 4 项井口使用规则,采用分区对应、辐射状设计、前远后近 3 种井口整体分配(图1)[1-4]方式,形成了密集型井口分配技术。

①以人工岛及陆岸平台中心为原点,将人工岛分成若干区域,确定地质目标后优先选择处于同一区域的井口施工,以利于防碰、减少绕障和将钻井总进尺优化最少。

②井口选择遵循同象限发散的原则,避免井眼轨迹交叉,为井眼轨迹调整留有余地。

③浅层大位移井尽量选择外侧井口,深层位移小应用内侧井口,以保证外侧井口使用不影响内侧井口。

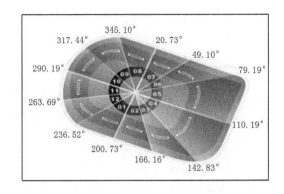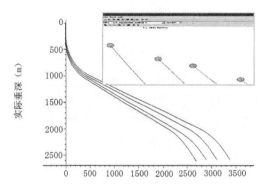

图 1　井口分配原则示意图

（2）轨道防碰设计。

将井眼轨道设计分为上直段防碰、地质目标优化和连接段优化设计，建立预防碰设计，将三维井口虚拟转换为地下五维井口，形成井眼轨道整体防碰设计技术。

①上部直井段注重防斜打直，加密井眼轨迹监测，避免直井段恰好朝向邻井的已钻轨迹或者设计轨道发生偏斜，减小与邻井的碰撞风险[5]。

针对浅层疏松地层，上直段使用牙轮钻头钻进，采用塔式防斜钻具以低转速、小钻压、大排量钻进，实现防斜或纠斜。加强监测，如有磁干扰，使用陀螺测斜仪监测和测量轨迹，为下一步施工提供更准确可靠的依据。

根据冀东油田历史防碰设计与施工经验，建立了上直段至初始造斜段防碰安全距离的经验计算方法：

$$S^* = S_{MD} - \frac{D_{bit} + D_{casing}}{2000} \quad (1)$$

$$D_s = MD/100 \quad (2)$$

式中　S^*——井眼有效距离，m；

　　　　MD——井深，m；

　　　　S_{MD}——MD 处井眼轴线空间最小距离，m；

　　　　D_{bit}——设计井一开钻头直径，mm；

　　　　D_{casing}——已完钻邻井或设计井的表层套管直径，mm；

　　　　D_s——防碰安全距离，m。

当 $D_s \geq S^*$ 时，可应用常规轨道设计方法设计轨道；当 $D_s < S^*$ 时，必须对上直段进行防碰绕障设计。

②采用预造斜设计来提高密集井口使用效率。通过上部井段增、降、斜处理，人为地将地面三维井口转换成为空间 5 个自由度的矢量井口，建立将井眼轨道从高危区拖至安全区防碰预警机制，使轨迹在上部井段向四周发散，远离井眼密集区域。同一井组或排间需要进行预造斜的待钻井采用预造斜点呈波浪形分布、初始造斜方位呈辐射或鱼骨状分布等预防碰设计（图 2），减少上部井段的防碰压力。

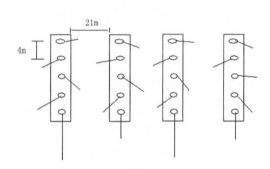

图 2　井丛排间各井组井口布置示意图

受井口距离、目标点空间位置与方位防碰绕障的限制，以及钻井施工要求，采用在多约束条件下设计预造斜井眼轨道。如果靶点位移较大，预防碰井段轨道类型优先设计为"J"形轨道；如果靶点位移较小，预防碰井段轨道类型设计为"S"形轨道。为降低钻井难度，满足后期采油生产，预造斜井段最大井斜角选择为 3°～5°，稳斜段长为 30～100m，预造斜所形成的侧向位移根据两组井排间的距离确定，防止相互干扰及同井组间或井排间的碰撞。

1.2　加密调整开发期间井眼轨道设计技术

1.2.1　技术难点

（1）在原本已十分密集的井网中再度加密钻井，尤其是进行大规模的加密钻井，在"丛林"中穿越，所完钻的井又有可能成为后续加密井的障碍(图3),其碰撞风险之高、设计与施工难度之大可想而知[6,7]。

(2)因各种客观与主观因素的存在,其误差造成已完钻井眼实际轨迹的位置存在不确定性,进一步增添了井的碰撞风险。

(3)环境敏感,碰撞后果严重,轻则影响正常油气井生产,重则引起安全、环保事故。

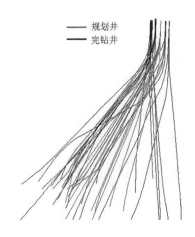

图3　开发调整井防碰规划示意图

1.2.2　轨道设计关键技术

(1)多防碰计算方法综合分析。

目前采用的防碰扫描方式有最近距离扫描法、水平距离扫描法和法面扫描法(图4)[9,10]。常用的扫描方式是最近距离扫描法,能精确和真实地反应出两口井之间的空间位置关系,整体判断两个井眼的距离。针对防碰问题较为严重的井,使用水平距离扫描法再次验证,虽然该方法计算误差较大,但是针对整拖井眼直井段,两口井之间软件扫描计算的距离接近于实钻最近距离。防碰扫描重点关注计算出的最近距离和分离系数,两者相互校验。

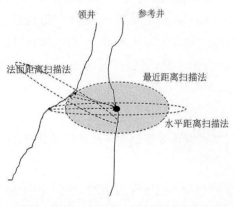

图4　邻井距离扫描方法空间示意图

目的层的防碰不仅仅依靠分离系数进行判断,同时结合开发层位进行区别对待,以提升油田整体可实施性。由于开发后期,许多井开发的层位相近,目的层分离系数也很小,针对这种情况,将最近距离拆分为垂向距离和横向距离,如垂向上不同层可以采用严格控制轨迹、增加控制点等方式来规避作业风险。

(2)钻井风险定量评估。

针对加密井增多的情况,在加密井井眼轨道设计时,需要对设计的加密井进行钻井风险定量评估,先对其防碰距离进行科学合理的量化计算,综合判断确定风险等级,然后分析其设计的合理性与可行性,并做好防碰预警工作,为实际设计与施工提供理论依据。

①建立碰撞风险严重度的模型。

国内外对钻井碰撞风险的后果严重性尚无明确的定量描述方法。冀东油田针对现行防碰标准划分准则和实际作业情况,综合考虑碰撞发生概率和后果严重性两方面因素,研究建立了一种新型的加密井钻井风险定量评估方法,即将不同深度处的防碰距离与设计井深的比值作为钻井碰撞风险严重程度的衡量标准(表1),定义为T_i:

$$T_i = \frac{H}{100X} \tag{3}$$

式中　T_i——碰撞风险后果严重度;
　　　H——防碰参考井某点的设计井深,m;
　　　X——当前点与邻井的最近距离,m。

表1　碰撞风险后果严重度对应区间

水泥返高	一级风险区间	二级风险区间	三级风险区间
	描述:很严重	描述:严重	描述:不严重
未返至防碰点	≥1.0	1.0～0.83	≤0.83
返至防碰点	≥0.83	0.83～0.67	≤0.67

②建立碰撞风险发生概率的模型。

根据误差椭圆理论和联合概率分布函数,结合冀东油田现有的技术条件和技术规范,建立了不同井数条件下,井眼碰撞概率量化评价模型。

邻井为一口井,采用一维正态分布:

$$p = 2 \times \int_x^{+\infty} \frac{1}{\sqrt{2\pi}\delta} e^{-\frac{t^2}{2\delta^2}} \mathrm{d}t \tag{4}$$

式中　x——当前点与邻井的最近距离,m;
　　　δ——冀东现行防碰标准中防碰距离对应的标准差。

邻井为两口井,每口井采用二维正态分布:

$$p = 1 - e^{-\frac{x^2}{2\delta^2}} \qquad (5)$$

邻井多于三口井,每口井采用三维正态分布:

$$p = \frac{\sqrt{\frac{2}{\pi}}}{\delta^3} \times \int_0^x e^{-\frac{r^2}{2\delta^2}} r^2 \, dr \qquad (6)$$

在进行防碰扫描时,确定水泥外返情况、扫描距离后,得出风险事件发生的自然概率 p,通过式(7)运算后得到对数概率 p 区间及对应的对数概率 p 区间列于表 2。

$$p = 12 + \log_2^p \qquad (7)$$

表 2　井眼轨迹碰撞风险自然概率和对数概率区间

邻井井数	水泥返高	一级风险区间		二级风险区间		三级风险区间	
		描述:很有可能		描述:可能		描述:偶尔	
		自然概率(%)	对数概率	自然概率(%)	对数概率	自然概率(%)	对数概率
1	未返至防碰点	100~1.64	≥6.1	1.64~0.27	6.1~3.5	≤0.27	≤3.5
	返至防碰点	100~1.24	≥5.7	1.24~0.27	5.7~3.5	≤0.27	≤3.5
2	未返至防碰点	100~5.61	≥7.8	5.61~1.11	7.8~5.5	≤1.11	≤5.5
	返至防碰点	100~4.39	≥7.5	4.39~1.11	7.5~5.5	≤1.11	≤5.5
3	未返至防碰点	100~12.39	≥9.0	12.39~2.93	9.0~6.6	≤2.93	≤6.6
	返至防碰点	100~10.01	≥8.7	10.01~2.93	8.7~6.6	≤2.93	≤6.6

③建立碰撞风险综合量化评价的模型。

根据风险的定义,将参考井任意点处与某一邻井碰撞风险 R_i 定义为碰撞风险事件发生对数概率 P_i 与对应的后果严重度 T_i 乘积,对钻井碰撞风险进行定量分析:

$$R_i = P_i T_i \qquad (8)$$

对于邻井数 2 口以上的情况(含 2 口),用式(8)分别计算出每口邻井的碰撞风险 R_i,然后由式(9)计算出参考井的碰撞风险 R:

$$R = \sum_{i=1}^n R_i \frac{x_i}{x} \qquad (9)$$

式中　n——邻井井数;

　　　R_i——参考井与第 i 口井的碰撞风险;
　　　x_i——参考井与第 i 口井的防碰距离。
x 由下式计算:

$$x = \sum_{i=1}^n x_i \qquad (10)$$

以上计算过程可以看出,风险分级具有一定的模糊性,风险值可能会介于相邻两个风险等级之间,为此采用隶属函数以更为准确的确定碰撞风险等级。以邻井多于 3 口井,水泥未返至防碰点为例,根据模糊数学的模糊集确定方法,给出该条件下的隶属函数。

1 级风险:防碰风险等级最高,风险不可控,应积极选用主动防碰新技术,否则放弃施工,其隶属函数为:

$$R_{i1} = \begin{cases} 1 & R \geq 9.0 \\ (R - 7.7)/1.3 & 7.7 \leq R < 9.0 \\ 0 & R < 7.7 \end{cases} \qquad (11)$$

2 级风险：防碰风险等级较高，采取有效措施规避可能发生的碰撞风险，其隶属函数为：

$$R_{i2} = \begin{cases} 0 & R > 9.0 \\ (9.0 - R)/1.3 & 7.7 < R \leqslant 9.0 \\ 1 & 5.5 < R \leqslant 7.7 \\ (R - 4.2)/1.3 & 4.2 < R \leqslant 5.5 \\ 0 & R \leqslant 4.2 \end{cases} \quad (12)$$

3 级风险：防碰风险等级较低，达到行业规定标准要求，风险基本可控，其隶属函数为：

$$R_{i3} = \begin{cases} 1 & R \leqslant 4.2 \\ (5.5 - R)/1.3 & 4.2 < R \leqslant 5.5 \\ 0 & R > 5.5 \end{cases} \quad (13)$$

构成如下隶属向量：

$$r = [\begin{matrix} r_1 & r_2 & r_3 \end{matrix}] \quad (14)$$

计算出隶属函数对应的风险等级就是该参考井的风险等级，根据计算出的风险等级对实际工程提出建议与指导，从而保证钻井作业的顺利进行。

2　现场实施效果

2.1　开发初期防碰优化设计结果

2009 年南堡 1-3 人工岛首轮实施 46 口井，在上部高碰撞风险井段没有发生井眼相碰的事故，表明整体防碰设计效果良好，实现了防止密集丛式井相碰的目的。由图 5 可以看出，虽个别井最近距离较小，只要适当减小防碰安全距离的取值范围，即可增强防碰设计的可靠性。

2.2　加密调整期防碰优化设计结果

截至 2017 年南堡 1-3 人工岛完钻井达到 204 口，根据油田开发要求，将继续部署加密井 45 口，涉及井眼轨迹防碰问题的井达到 100%，单井防碰井数高达 42 口，统计显示表层预造斜井 6 口，防碰绕障井 15 口；应用密集丛式井加密调整井防碰技术，实现了南堡 1-3 人工岛加密调整井的安全钻进，作业期间未发生井眼交碰情况，优质高效地完成了作业任务。由图 6 可以看出，实钻轨迹计算防碰安全距离均满足行业标准要求，实现了防止密集丛式井相碰的目的。

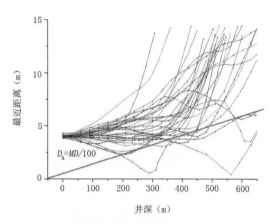

图 5　首轮实施井实钻最近距离计算结果

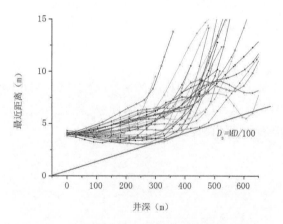

图 6　加密调整井实钻最近距离计算结果

3　结论

（1）密集丛式井平台进行早期整体规划和预防碰设计，有利于减少井眼交碰概率，可为油田开发后期不断加密井口钻井和提高平台钻井利用率创造有利的条件。

（2）利用风险发生概率与风险后果严重度两个维度进行刻画的综合井眼交碰风险分级技术,进而定量评价出加密井钻井防碰风险等级,可为老平台加密钻井防碰设计与施工提供技术支持。

（3）密集丛式井加密增加了井眼防碰难度,但防碰设计需与现场施工紧密结合,才能更有效的防止井眼相碰事故发生,建议加快主动探测分析与邻井防碰距离技术的研究,以有效解决防碰的难题。

参 考 文 献

［1］　万圣良,张瑞纲.海上丛式井平台位置优选原则及方法[J].海洋石油,2016,36(3):114-118.

［2］　张羽臣,林海,陈丽孔,等.海上丛式井井口平台位置优选方法研究与实践[J].长江大学学报(自然科学版),2016,13(26):36-38.

［3］　李滨,刘书杰,耿亚楠,等.海上油田丛式井平台位置优化方法研究与应用[J].中国海上油气,2016,28(1):103-108.

［4］　张磊,谢涛,王晓鹏,等.基于成本最低的海上丛式井平台位置优选新方法[J].石油机械,2019,47(1):52-57.

［5］　刘彪.页岩气井工厂防碰绕障井眼轨迹控制技术[J].石化技术,2018,25(8):304-306.

［6］　许军富,徐文浩,耿应春.渤海人工岛大型丛式井组加密防碰优化设计技术[J].石油钻探技术,2018,46(2):24-29.

［7］　刘晓艳,施亚楠,李培丽.丛式井组总体防碰与钻井顺序优化技术及应用[J].石油钻采工艺,2012,34(2):9-12.

［8］　孙晓飞,韩雪银,何鹏飞,等.防碰技术在金县1-1-A平台的应用[J].石油钻采工艺,2013,35(3):48-50.

［9］　刘修善,苏以脑.邻井间最近距离的表述及应用[J].中国海上油气工程,2000(4):31-34.

［10］　董星亮,王长利,刘书杰,等.海洋石油钻井手册[M].北京:石油工业出版社,2009.

作者简介　侯怡(1985—),女,工程师,2008 年 7 月毕业于中国石油大学(华东)石油工程专业;现主要从事丛式井、大位移井钻井技术的研究工作工作。

（收稿日期:2020-2-20　　本文编辑:王红)

高强度暂堵剂的研制及性能评价

都芳兰

(中国石油冀东油田公司钻采工艺研究院,河北 唐山 063004)

摘 要:低渗透油层压裂生产一段时期后产油量降低,针对人工裂缝控制的泄油区内原油采出程度高、泄油区外的大量剩余油动用程度较低的问题,研制出高强度暂堵剂应用在低渗透储层重复压裂中,封堵老缝,转向形成新缝来提高单井产量。在室内对高强度暂堵剂进行性能评价,取得较好效果。

关键词:高强度暂堵剂;低渗透储层;室内评价

随着油田开发的不断深入,低渗透油藏[1]、页岩气等非常规油气藏也逐渐得到开发[2,3]。低渗透油藏重复压裂井,一般需要在压裂过程中对老缝进行暂堵,实现新缝转向。本文开展高强度暂堵剂研究,在支撑剂表面涂覆薄、韧性的树脂聚合物复合层,该涂层可以将原支撑剂由点接触改变为面接触,高强度暂堵剂进入裂缝后,由于温度影响,聚合物层软化,产生聚合反应而固化,使支撑剂颗粒固结在一起,将原来颗粒之间点与点接触变成面积接触,降低了作用在颗粒上的负荷,增加了颗粒的抗破碎能力,固结在一起的颗粒渗透率低,无渗流能力,形成稳定暂堵层[4,5]。

1 实验

1.1 仪器和试剂

1.1.1 试剂

70/140 目石英砂、热固性酚醛树脂、疏水聚合物(都是工业级,唐山瑞丰化工公司)、无水乙醇(天津市风船化学试剂科技有限公司)、无水煤油(工业级,北京爱普聚合科技有限公司)。

1.1.2 仪器

FLZ1.5B 全自动一体化流化床(常州恒诚富士特公司);体式显微镜(stemi2000-c2000,赛多利斯科学仪器厂北京有限公司);Quanta250 型环境扫描电镜(美国 FEI 公司);支撑剂及酸蚀裂缝导流能力评价系统、匀加载压力实验机、烘箱、HK-4 型渗透率自动测定仪、高温高压失水仪(以上都为海安县石油科研仪器有限公司产品)、数显恒温水浴锅(HH-6,国

华电器有限公司);电子天平(常州科源电子电器厂)。

1.2 实验方法

1.2.1 高强度暂堵剂研制

(1)囊材制备:配制热固性酚醛树脂 10%~25% 无水乙醇溶液、0.3%~0.4% 疏水聚合物溶液、0.1%~0.2% 聚合物水溶液。

(2)喷涂工艺:将清洁干燥的 70/140 目石英砂置入 FLZ1.5B 全自动一体化流化床中,反应釜温度设定为 90℃、控制压缩机频率使石英砂呈流化态,利用蠕动泵通过涂料入口依次将热固性酚醛树脂溶液(与石英砂质量比为 1:3)、疏水聚合物溶液(与石英砂质量比为 4~6:1)、水溶性聚合物溶液泵入多功能反应釜(与石英砂质量比为 5~7:1),利用风机(压力范围为 0.3~0.5MPa)使溶液雾化形成细小液滴,喷洒在呈流化态石英砂上,单次喷洒时间设定为 1~2h,依次形成具有 3 层包衣的暂堵剂体系,烘干即为高强度暂堵剂。

1.2.2 能谱分析

采用 Quanta250 型环境扫描电镜对不同聚合物浓度的高强度暂堵剂进行能谱分析,通过碳氧化合物的含量对比,确定高强度暂堵剂的最优配方。

1.2.3 体积密度和视密度[6]

称取一定量的高强度暂堵剂,按照《压裂支撑剂性能指标及评价测试方法》(Q/SY 125—2007)进行评价。

1.2.4 破碎率评价[7]

一定压力下的高强度暂堵剂的抗破碎性能代表其稳定性能,破碎率越低表明其稳定性能越高,试样

性能越好。称取一定量的高强度暂堵剂，在 35MPa 下评价其破碎率，具体评价步骤按照《压裂支撑剂性能指标及评价测试方法》，破碎率计算公式为：

$$\eta = W_c/W_p \times 100\% \qquad (1)$$

式中　η ——破碎率，%；

　　　W_c ——破碎样品的质量，g；

　　　W_p ——高强度暂堵剂总质量，g。

1.2.5 抗压强度评价

高强度暂堵剂抗压强度代表了其能承受的最大压力，抗压强度越高其说明高强度暂堵剂应用范围越广[8]。称量一定量的高强度暂堵剂制成一定规格的试样，测量截面积，按照《化学防砂人工岩心抗折强度、抗压强度及气体渗透率的测定》(SY/T 5276—2000)中要求记录破碎时的压力，计算出高强度暂堵剂抗压强度，抗压强度公式为：

$$P_c = F_c/A \qquad (2)$$

式中　P_c ——抗压强度，MPa；

　　　F_c ——破坏时的瞬间载荷，N；

　　　A ——横截面积，m^2。

1.2.6 渗透率评价

高强度暂堵剂渗透率的高低表明封堵性能的强弱，在地层温度下，对高强度暂堵剂进行气驱、水驱、油驱，测量其渗流能力，分析其渗透率的变化，评价其封堵性能。采用岩心压制系统将高强度暂堵剂压制成岩心（每次 25g，压制 5min，压力为 25MPa），在 90℃下固化，测定其气相渗透率，具体步骤按照《化学防砂人工岩心抗折强度、抗压强度及气体渗透率

的测定》《压裂支撑剂充填层短期导流能力评价推荐方法》(SY/T 6302—2009)。导流能力计算公式为：

$$KW_f = 5.555\mu Q/\Delta p \qquad (3)$$

式中　KW_f ——支撑剂充填层的导流能力，D·cm；

　　　μ ——实验温度条件下实验液体黏度，mPa·s；

　　　Q ——流量，cm^3/min；

　　　Δp ——压差，kPa。

2　结果与讨论

2.1　能谱分析结果

采用 Quanta250 型环境扫描电镜对涂覆后的支撑剂进行能谱分析，支撑剂表面含有二氧化硅和碳氧化合物，具体结果见表 1。

表 1　高强度暂堵剂能谱分析数据表

元素	涂覆 1 体系占比(%)	涂覆 2 体系占比(%)	涂覆 3 体系占比(%)
C	28.37	30.26	32.8
O	42.15	46.01	45.85
Si	16.92	12.02	12.91

从表 1 高强度暂堵剂能谱分析数据和图 1 至图 6 高强度暂堵剂能谱分析谱图可以看出：高强度暂堵剂表面碳元素含量为 28.37%～32.8%，氧元素含量为 42.15%～46.01%，硅元素含量为 12.02%～16.92%，碳、氧有机物含量在 44%～72%，表面高强度暂堵剂表面覆膜均为碳氧有机聚合物。

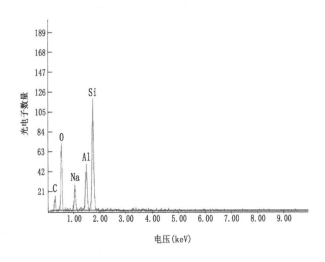

图 1　高强度暂堵剂 1# 能谱图

图 2　高强度暂堵剂 1# 能谱分析图

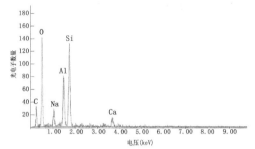

图3　高强度暂堵剂2#能谱图

图4　高强度暂堵剂2#能谱分析图

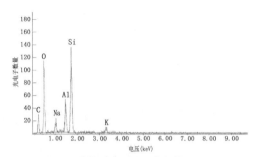

图5　高强度暂堵剂3#能谱图

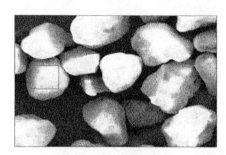

图6　高强度暂堵剂3#能谱分析图

2.2　密度性能

高强度暂堵剂密度低,密度的大小决定了其对稳定悬携砂的压裂液的密度和黏度的要求高低[9]。高强度暂堵剂密度数据见表2。

聚合物囊材所用体系不同、加量不同,涂覆后的高强度暂堵剂密度不同,但均比石英砂明显减小。在强度满足的条件下,低密度下的高强度暂堵剂所

要求的压裂液黏度降低,减少了地层伤害,降低了压裂液成本。

2.3　破碎率评价

根据冀东油田中深层油藏控水压裂的特点,在35MPa下对不同体系高强度暂堵剂进行抗破碎率评价,破碎率均小于7%,破碎率低于石英砂,抗压强度高,应用范围广。具体数据见表3。

表2　高强度暂堵剂密度数据表

体系	石英砂	高强度暂堵剂1#	高强度暂堵剂2#	高强度暂堵剂3#
体积密度(g/mL)	1.65	1.52	1.56	1.60
视密度(g/mL)	2.75	2.34	2.60	2.46

表3　高强度暂堵剂破碎率数据表

体系	石英石	高强度暂堵剂1#	高强度暂堵剂2#	高强度暂堵剂3#
破碎率(%)	6.9	5.1	4.7	3.9

2.4　抗压强度评价

高强度暂堵剂聚合物质量比在5%～8%时,100℃下老化固结,抗压强度1.59MPa;在含量超过8%时,抗压强度明显增大;含量超过10%时,抗压强度增大趋势减少。具体数据见表4。

聚合物含量越高抗压强度越好,含量超过一定量后抗压强度相差减小。

2.5　渗透率评价

高强度暂堵剂渗透率的大小决定了暂堵性能,渗透率越小,暂堵性能越强,导流能力越低,暂堵率越大。具体数据见表5。

高强度暂堵剂抗压强度越大,渗透率越低。对不同温度下的高强度暂堵剂进行抗压强度和渗透率评价,随着温度增加,抗压强度增大,渗透率越小,导流能力越小[10,11]。具体数据见表6、表7、图7、图8。

表 4　高强度暂堵剂抗压强度数据表表

体系	高强度暂堵剂 1#	高强度暂堵剂 2#	高强度暂堵剂 3#	高强度暂堵剂 4#	高强度暂堵剂 5#	高强度暂堵剂 6#
聚合物质量比(%)	4	5	6	8	10	15
抗压强度(MPa)	1.59	3.74	5.13	27.56	35.17	39.01

表 5　高强度暂堵剂渗透率数据表

体系	石英砂	高强度暂堵剂 1#	高强度暂堵剂 2#	高强度暂堵剂 3#
气相渗透率(mD)	890	5.3	2.05	1.46
水相渗透率(mD)	264	1.1	0.95	0.72
油相渗透率(mD)	151	0.72	0.56	0.38

表 6　高强度暂堵剂 2#不同温度下抗压强度和渗透率数据表

温度(℃)	抗压强度(MPa)	气相渗透率(mD)	水相渗透率(mD)
65	22.15	4.43	1.58
75	29.2	2.37	1.31
100	35.17	2.05	0.95
120	37.48	0.94	0.25

表 7　不同闭合压力下石英砂和高强度暂堵剂 5#导流能力数据表

闭合压力(MPa)	导流能力(D·cm)		堵率(%)
	石英砂	高强度暂堵剂	
1	65	22.15	4.43
5	58	15	74
10	34	6.7	80
15	17	0.1	99

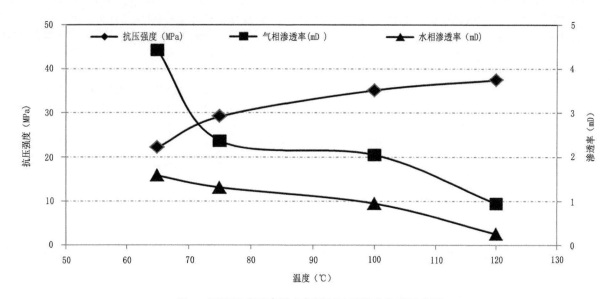

图 7　不同温度下高强度暂堵剂抗压强度和渗透率图

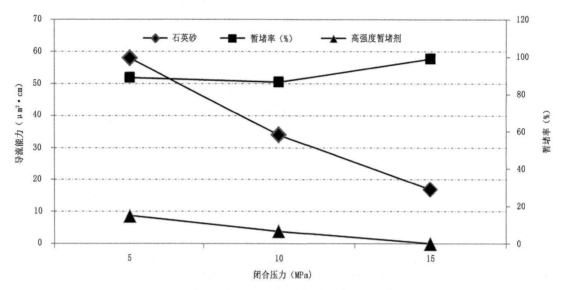

图8　不同闭合压力下高强度暂堵剂导流能力图

从表7、图8可以看出,温度越高高强度暂堵剂暂堵性能越好,导流能力越小,在90℃下,高强度暂堵剂暂堵率达到99%。

3　结论

(1)高强度暂堵剂由热固性酚醛树脂(4%～8%)、疏水聚合物(1.2%～2.4%)、水溶性聚合物(1%～4%)组成。

(2)高强度暂堵剂在35MPa下,破碎率小于7%,最大抗压强度达到39MPa。

(3)温度增加,高强度暂堵剂抗压强度增大,渗透率减小,导流能力降低。

(4)在相同条件下,高强度暂堵剂的性能相对于石英砂,暂堵率达到99%。

参 考 文 献

[1] 马双政.特低渗储层压裂液类型及储层保护研究[D].武汉:长江大学,2012.

[2] 王萌萌,王威振,侯斯滕,等.转向压裂技术在准东油田的应用与研究[J].现代化工,2015,35(10):190-193,195.

[3] 李灿然,李向辉,逄永周,等.压裂支撑剂研究进展及发展趋势[J].陶瓷学报,2016,37(06):603-607.

[4] 传平.克拉玛依油田砾岩油藏压裂技术及应用研究[D].武汉:长江大学,2013.

[5] 郭琦.支撑剂润湿性对压裂施工效果影响实验研究[D].大庆:东北石油大学,2016.

[6] 崔冰峡.高强度低密度压裂支撑剂的制备研究[D].太原:太原理工大学,2016.

[7] 徐永驰.低密度支撑剂的研制及性能评价[D].成都:西南石油大学,2016.

[8] 时玉燕,刘晓燕,赵伟,等.裂缝暂堵转向重复压裂技术[J].海洋石油,2009,29(2):60-64.

[9] 李波,王永峰,胡育林,等.一种低密度压裂液支撑剂的研究[J].油田化学,2011,28(4):371-375.

[10] 徐鸿涛,苏建政,孙俊,等.疏水支撑剂两相导流能力实验研究[J].科学技术与工程,2015,15(32):27-31.

[11] 万仁溥.采油技术手册.第九分册.压裂酸化工艺技术[M].北京:石油工业出版社,2009.

作者简介　都芳兰(1982—),女,工程师,2004年毕业于江汉石油学院化学工程与工艺专业;现主要从事压裂液和支撑剂体系技术研究工作。

(收稿日期:2019-12-28　　本文编辑:谢红)

智慧地面综合技术研究

荣博香　　梁海涛

(中国石油冀东油田公司勘察设计研究院,河北　唐山　063004)

摘　要:从冀东油田生产实际出发,结合智慧井口、智慧场站、智慧管网的具体技术对地面全面感知、数据共享、智慧决策等智慧油田管理要素进行深入探索,研究出拥有冀东油田特色的智慧地面功能方案,实现数字化与信息化深度融合,为冀东油田从数字化向智慧化转变奠定坚实的基础。

关键词:油气生产物联网;智慧化油田;智慧地面

随着油田智慧化管理的发展及信息技术的不断革新,现有的油气生产信息化系统和传统的生产管理组织运行模式已经不能完全满足油气生产智慧化的业务需求。站场、管线的管理大都采用视频监视和人工巡检方式来发现问题。仪表的运维和检修依靠人工发现、核对、判断。仪表备品备件依靠经验值提供数量。生产管理业务不断增加,用工总数持续降低;生产保运人员逐年减少,整理资料及配套人员在增多。生产自动化系统每年产生大量的实时数据,因存储空间和管理不精细问题大多被废弃,没有挖掘数据隐藏的真正价值。各生产部门的员工需要登录多个系统以完成日常的生产管理工作。业务流程跨系统的信息同步并不通畅,各业务流程不能够在一个平台内完成全流程的流转和执行。

1　智慧化建设现状

1.1　数据采集与控制系统

截至 2018 年底,陆上作业区、南堡作业区、油气集输公司的井场和站场均建有站控系统,基本实现了生产参数的自动采集、控制与数据上传。大部分场站实现了视频监控覆盖。计量间、配水间无人值守,其他站场少人值守。

1.2　生产管理系统

目前油田地面生产管理系统配有中国石油统一建设的油气水井生产数据管理系统(A2)、采油与地面工程运行管理系统(A5)和油气生产物联网系统(A11)。作业区和油气集输公司同时建有各自的生产管理系统。

2　智慧地面综合技术方案研究

围绕油田地面系统优化简化和智慧化管理需求两条主线,以解决数字化系统运行中存在的问题和满足地面各业务部门应用为导向,重点研究现有数字化体系的突出问题与解决策略、管网智能诊断、智能仪表的应用前景、重点机泵的智能诊断与事故预警、生产各环节的能耗分析、云存储架构的探讨、地面智慧化管控平台的功能设计等相关技术,确定智慧地面的整体框架。

2.1　优化现有数字化控制体系

2.1.1　油井优选示功图量油

2017—2018 年间陆上作业区和南堡作业区均进行了示功图计算产量实验,其中陆上作业区选取 50 口无掺水井,进行 3 个月跟踪分析,得出示功图计算产量与计量分离器计算产量误差统计数据,见表 1。

结果证明通过载荷数据标校、计量软件调试、增加示功图样本等工作,示功图计量与分离器计量单井液量误差在 ±15% 范围内(《油田油气集输设计规范》中允许最大误差 ±15%)符合油井 38 口,单井液量符合率 76%。对产量大稳产井示功图计算产量误差基本可控制在 ±10% 以内,对气液比大、液量小的间抽井示功图计算产量误差基本可控制在 ±20% 以内。由此可见示功图计产在冀东油田具有可行性和推广性,可以取代传统的分离器计量,逐步取消计量间。

示功图法可进一步对油井进行智能斩断,加强油井结蜡分析、断脱识别,判断管线泄漏堵塞故障、井筒故障。结合示功图数据,油、套压及井基本信息、史料资料等,自动诊断单井工况,按照故障发生概率甄选高危井重点井关注,实现生产参数超限报警、生产工况趋势预警,提前实施预防措施,故障处理后及时更新案例库,相关计算和诊断模型自动优化。

表1 陆上作业区柳赞区块50口油井示功图计算产量对比

井名	示功图量油结果 (t/d)	分离器量油 (t/d)	误差 (%)	井名	示功图量油结果 (t/d)	分离器量油 (t/d)	误差 (%)
M118X1	9.26	11.4	−18.77	M28−12	22.91	21.4	7.06
G56−36	14.15	17.3	−18.21	L103−P1	16.83	15.4	9.29
G17−15	10.41	12.4	−16.05	M101	12.7	11.6	9.48
G59−21	13.2	14.8	−10.81	M28−14	19.11	17.4	9.83
M101−P23	37.08	39.9	−7.07	G56−50	20.42	18.58	9.90
M28−36	10.4	11.5	−9.57	GC63−37−1	26.76	24.1	11.04
G59−12CP1	12.45	13.7	−9.12	G56−52	21.5	20	7.50
N38−P1	5.27	5.6	−5.89	LN5−13	7.29	6.5	12.15
M23−9	15	13.9	7.91	N15−17	15.6	13.8	13.04
G59−15	9.26	9.8	−5.51	G76−39	1.47	1.3	13.08
M130X1	16.4	15.6	5.13	L102X5	31.48	27.5	14.47
M105X1	31.58	32.9	−4.01	M18−12	15.27	13.3	14.81
M27−27	12.32	12.8	−3.75	M27−35	11.6	10.1	14.85
LN1−8	79.99	82.6	−3.16	G59−38	10.07	8.7	15.75
L102X7	31.36	32.3	−2.91	G3102−11	1.74	1.5	16.00
G59−43	6.16	6.3	−2.22	M28−P3	10.84	9.3	16.56
N38−P3	13.37	13.6	−1.69	M28−25	21.07	18	17.06
G76−34	23.22	21.5	8.00	M130X6	25.17	21.4	17.62
LN5−3	23.48	23.7	−0.93	G213−4	1.09	17.2	−93.66
G104−5P22	16.47	16.4	0.43	M18−13	2.66	6.3	−57.78
LN3−5	28.32	28	1.14	M28−6	17.56	10.1	73.86
G113−4	14.21	14	1.50	M30−50	19.11	11.8	61.95
G17−18	15.12	14.6	3.56	M3−10	4.14	2.8	47.86
GC63	18.91	18.2	3.90	M3−11	27.3	20.4	33.82
M30−11	12.88	12.2	5.57	LN2−6	8.3	11.5	−27.83

2.1.2 无人值守站场设计

目前冀东油田无人值守站场指在运行期间无人值守,但并非完全无人操作。无人值守实现了站场值守制到巡检制的转变,无人操作实现了现场操作到远程操控、异地启停的转变。要想真正无需人工介入实现自动启停车,还需要在逻辑控制、流程优化、设备先进性改善的条件下协同完成。

2017—2018年,通过对陆上作业区地面系统的优化简化,取消40座计量站,由原来二级或三级布站改为一级布站。其中8座注水站补充视频监控点,远程监控无死角,并通过加装电子围栏等技术手段,加强站场安全防控设计,实现定期巡检、故障巡检,达到站场无人值守。其余大部分转油站因负责管辖井场和站场的生产运行,暂不能实现无人值守。

2.1.3 联合站控制系统优化重组

对早期建设的联合站采用一个站场集中监控的原则,对控制系统进行优化重组。因建设年代久远、管理问题等原因设置了多个岗位,控制系统随岗位设定。随着流程的简化,有些控制子站已经没有实际的监控职能,完全可以与其他子站合并。通过对高尚堡联合站站控系统优化重组,加强智慧场站的设计,可以全面提高站场控制可靠性,并将原来的8个岗位缩减至4个,人员由125人缩减至65人。

2.2 管网智能诊断

2.2.1 阴极保护数据智能采集与分析

阴极保护智能采集系统是在传统的阴极测试桩里加装智能电位采集装置,信号实时传输至后台服务器进行分析。管理人员通过电脑即可实时查询管道阴极保护数据,并可分析电位采集点的当前及历史数据,使管道安全运行受控。2018 年在油气集输公司南堡联合站至老爷庙联合站输油管线试点应用,达到了预期目标。

2.2.2 油气管道泄漏报警与定位

管线泄漏检测与定位技术日趋成熟,能对管网异常运行做出智能诊断。2018 年该技术在油气集输公司南堡联合站至老爷庙联合站集输管道为设计主体,对以下 4 种常用技术进行了比选,见表 2。

表 2　管道泄漏检测与定位的方法对比

测量方法	次声波法(音波法)	负压波	流量平衡法	光缆振动法
检测原理	管道泄漏信号沿管道内流体介质向两端传播次声波,经信号分析处理,确定管道是否泄漏	管道泄漏瞬间,压力管道在泄漏处产生瞬时压力下降,并沿管道向两端传播	管道上下游站安装流量计,当管道发生泄漏时,上下游流量差明显放大	采用标准单模光纤作为传感器,实时感应管线周围的振动信号
适用范围	油、气、水各类压力管道,要求介质相对稳定	适用于稳定输送且管径大于 DN300mm 的管道	适用于只发现缓慢泄漏且无需定位的管道	适用于新建管线的防盗预警

油田在老爷庙联合站至曹妃甸油库输油管线建立的管线泄漏检测系统采用负压波法,但因管道中液体含气和实际地理位置原因,误报多,效果并不理想。光缆法主要对偷盗油气的行为有很好的预警作用。音波法和次声波法都同属于声音测量法,测量范围宽泛、准确,但因南堡联合站至老爷庙联合站输油管线末端压力过低(0.35MPa)和管道内含有不确定量气体干扰,尚没有实际安装测试,需要视工况变化情况进一步实地测试。2019 年高尚堡联合站至老爷庙联合站输油管道运用负压波法与流量平衡法结合的方法,利用首末两端压力、流量信号变化综合判断管道运行状态,解决单独使用负压波法误报率高和缓慢渗漏的问题。

2.3 物联设备智能化

2.3.1 智能仪表

目前生产站场采用常规仪表和智能仪表。智能仪表通过总线方式可实现多参数采集与自诊断。但智能仪表价格相对昂贵,主要应用于重要装置或设备上。随着通信技术和存储技术的发展,普及智能仪表将是未来的发展方向,也是物联网设备全面应用的基础。

智能仪表自诊断功能,可以改变现场仪表检维修模式。调试人员从屏幕上就能知道各个工位上安装的仪表是否正确。系统运行时,帮助人员做出正确的判断,减少系统意外停车,为备品备件提供依据。智能仪表不断向系统提供仪表自身的状态信息,仪表维修人员十分清楚在线仪表的工作状态,避免误判。油气集输公司拟在高尚堡联合站距离较远、布线困难的非关键控制点,采用智能仪表,实时回传数据至 DCS 系统,中控室设智能仪表在线管理软件,实现仪表在线诊断、标校。

2.3.2 现场生产巡检电子化

除选用智能设备外,场站中还有大量的非智能设备,如管线、阀门、压力表、温度计等。由于非智能设备本身没有独立的大脑进行自检、自测,要实现非智能设备的智能化管理,就必须对非智能设备安装 RFID(Radio Frequency Identification,无线射频识别)标签,通过手持终端的 RFID 模块、设备 RFID 标签及物联网中心数据库的智慧支撑,完成"人"对"物"从表面感知到深层感知的升级。

通过开发移动巡检 APP,将巡检路线、巡检点、巡检项、巡检人员等电子化。巡检员手持终端,按照巡检规划路线、GPS 定位,巡检周界警示,实现员工现场交接班、巡回检查、隐患排查、施工作业现场监督等方面的智能化管理,实时记录巡检过程,通过语音和视频对讲及时反馈并解决现场问题。根据一段时间的巡检数据积累,可以对设备进行统计分析,历史查询设备信息、设备维护管理。

2.4 机泵运行的智能诊断

通过分析机泵振动、轴温数据,依托于启停分析、异常检测、故障识别智能算法,结合业务专家知识库,精准描述泵机当前的健康程度,推算振动等级,超限报警。同时精确统计设备运行时间,预测电机、泵体工作寿命。采用机器学习和深度学习算法,识别泵机异常工况,并提供详细工况图谱,实现设备故障预判,减少被动维修,并为主动停机检修提供重要依据,杜绝被动停机和疑似状态检修造成的经济损失。监测数据实时推送到移动终端,生产管理人员随时查看机泵运行状况。

2019 年高尚堡联合站采用三轴振动测量技术(使用一个无线传感器监测三轴振动、温度),对站内重要机泵进行在线实时监测,并将结果推送到移动终端进行展示、报警等,为各级管理人员提供了故障预判的决策依据。

2.5 生产能耗分析

按照不同的生产单元进行区域性划分,利用生产各工艺环节产生的实时采集数据(各系统、各节点流量计量)、单体和区域耗电量及其他相关数据,通过流量数据和能效公式制定能耗基础模型,再利用其他采集数据(温度、调节、化验)对模型进行实用性优化,形成 AI 智能分析模型,进而分析出能源消耗高低情况的原因与影响因素。以时间轴为行进方式,通过模型得出不同的生产单元能耗,进行同比、环比与未来预测,并按照经济分析报告要求生成月、季、年报告,同时以可视化、图形化等方式对数据进行展示,便于各级管理人员全面掌握能耗现状,分析、调整生产运营,精准管控成本支出。

2.6 机泵运行的智能诊断

云架构能够灵活实现服务的扩展和收缩,可实现跨应用、跨系统之间的信息协同、共享、互通等功能。

2.6.1 云架构的数据分类存储

有效整合庞大、复杂的数据源,是将所有数据集中到一个大库中统一管理,还是采用分布式技术建立统一访问,如何在各数据源的基础上实现综合、分析、挖掘等问题成为数据中心建设的难题。云平台部署可根据数据属性和服务内容分类设置。数据服务器按照数据来源与应用不同,分管网运行、机泵智能诊断、能耗分析、设备管理、智能巡检、专家知识库等分别设置。

2.6.2 云架构共享数据

以油气生产物联网系统为基础,将分布在云架构中的各专业数据库、设备库、专家库等进行融合,实现数据共享。按照业务条线设置系统入口,保证

数据的专业性、唯一性、时效性。

(1)统一平台支撑。

将与油气生产相关的统建系统与自建系统的流程进行梳理,进行统一的规划与编排,实现统一平台对油气生产全流程的支撑。按照油气生产的业务条线设置系统入口,不需要进行业务系统之间的跳转。将与油气生产相关的统建系统(如 A2、A5、A11)及油田自建系统进行集成,实现认证与授权的统一管理。执行人员、管理人员、运营人员、决策人员通过一次登录进入系统,就可以完成所有与油气生产相关的工作,避免重复登录,重复操作。

(2)统一数据采集(动、静态数据)。

按照油气生产物联网系统标准,对录入界面进一步统一,实现生产数据的一次录入、汇总、分发,对于能够自动生成的数据,仅通过人工页面审核,对于需要人工录入的数据,提供唯一的录入界面。

2.7 地面系统智慧化管理一体化平台

根据油田智慧化管理需要,建立生产管理一体化平台,将各生产相关系统相互对接,实现生产监控、数据分析、超限报警、自动报表、机泵智能诊断、能耗管理、设备管理、移动巡检等智能化生产管理。平台应具备以下主要功能模块。

(1)智慧油气水井管理模块。

基于单井示功图、功耗、地面检测参数,借助大数据分析、理论模型及专家知识库,对预警报警信息自动分析,找出原因,推送处理方案,并能基于单井的生产活动自动学习,确保模型的自适应性。实现油井现场生产智能诊断与控制,主动预测生产状况并给出解决方案。如产量变化、运行压力变化、示功图趋势、配注趋势等。

(2)智慧场站。

基于设备自检信息、运行参数,借助大数据分析、理论模型及专家知识库,根据在线监测实时和历史数据(如温度、压力、电流互感器的电流变化、单元功率和时间等),对设备进行全面的故障诊断分析,给出设备运行状态报告。实现抽油机、加热炉、注水泵、外输泵、污水处理系统、集输系统、注水系统等的能耗及效率预警,对预警报警信息自动分析,找出原因,并给出最优运行控制,推送处理方案。

(3)智慧管网。

基于管线运行参数、所辖管线整体预览,借助大数据分析、理论模型及专家知识库,实时发现管线异常,并对异常数据原因进行智能分析。管理人员可

快捷查明管理运行缺陷,使管道腐蚀受控、管线泄漏受控。同时自动推送管线优化运行方案。

(4)智慧地面重要生产指标趋势预测与辅助决策模块。

系统可以多参数综合预测生产趋势,给决策者提供精准的导向支持,如油田地面最关注的生产数据变化趋势(如输差、系统效率等)、问题井管理、安全环保参数预警、风险预判等。地面系统优化方案自动生成,风险管控方案自动生成。该模块为油田管理提供直接的决策参考依据。

(5)生产过程安全预警模块。

对生产过程参数的超限报警信息进行有效分析与评估,自动统计安全薄弱环节,提醒人员加强防控,提前采取预防措施。根据趋势分析,判断生产运行异常、设备运转异常等状况自动报警,并给出事故处理流程与建议,帮助管理人员及早发现问题,及时处理紧急情况。

(6)地面生产系统综合查询、统计、分析模块。

在现有统建系统的基础上,根据冀东油田的生产实际,将采集的海量数据应用到生产分析与优化中。系统根据业务需求提供灵活多样的搜索信息和统计结果,如生产指标统计,设备故障率、任务执行率、问题整改率统计等,从而为设备选型、问题整改方法、优化生产运行提供决策支撑。

(7)仪器仪表设备智能化管理模块。

该模块根据对仪器仪表设备自身信息的判断,可以统计出仪表的完好率,故障率,预估设备使用寿命,维修保养智能提示。

(8)生产巡检电子化、智能化管理模块。

该模块可以为巡检人员自动推送巡检对象的动静态数据,实时跟踪巡检路径,生产隐患得到及时反馈与消除。

3　结语

(1)冀东油田智慧地面的核心就是实现油气生产地面全面感知,达到实时预警、风险预判,能耗优化、效率提升,数据共享、智慧决策。

(2)实现智慧地面后,从技术管理层面,数据价值将大大提升工作效率,减少排查事故隐患时间。从生产运行管理层面,可以大幅缩减资料录入和整理人员、业务管理人员和巡线人员,降低生产运行成本与设备能耗。从高层管理层面,可以减少方案讨论会议频次、缩短指挥决策时间。

参 考 文 献

[1] 中国石油天然气集团公司企业标准.Q/SY1722—2014 油气生产物联网系统建设规范[S].北京:石油工业出版社,2014.

[2] 中华人民共和国住房和城乡建设部.GB/T 50823—2013 油气田及管道工程计算机控制系统设计规范[S].北京:中国计划出版社, 2013.

[3] 李建新,邓雄.基于负压波和流量平衡的管道泄漏监测系统研究[J].石油和化工设备, 2009,12(1):30-34.

第一作者简介　荣博香(1966—),女,高级工程师,1990 年毕业于西南石油学院计算机专业,获学士学位;现从事油田仪表自控设计工作。

(收稿日期:2019-12-15　　本文编辑:净新苗)

基于 GeoMap 和 Google Earth 软件
实现油田地面设施的基层管理数字化

刘 磊

（中国石油冀东油田公司陆上作业区，河北 唐海 063299）

摘 要：运用 Google Earth 软件提供的图像数据，通过 GeoMap 等日常使用的绘图工具，将不能进行编辑的地面设施的栅格图像，转换成可编辑的矢量图像。通过点、线、面等要素直观描述现场管理对象，包括生产平台、井口、抽油机、配电柜、管线、电缆等地面设施。建立可视化的空间信息，实现地面设施的分层编辑、管理、显示和查询，方便基层人员管理和查询。

关键词：地面设施；基层管理；数字油田；GeoMap；Google Earth

采油队是油田最前线的基层管理单位，每天要处理涉及地面施工、设备调剂、工艺改造等地面系统相关的工作，需要基层员工对地面情况非常熟悉，需要准确提供相关信息。仅靠个人的记忆和经验不能满足当前开发生产要求。以往主要是通过富有经验的老员工，或通过探坑对地下管线、电缆等隐蔽地面设施进行确认，费时费力，既不经济也不安全。因此，全面建立地面设施的管理台账尤为重要。在相当长时间里，基层人员主要通过 Word 文档，采用简易的图形将现场管线和电缆等设施描绘出来，每年更新一次，实效性、准确性和可靠性都较差，缺乏统一的标准和图例，无效的、重复性的工作量较大。随着"数字地球""数字城市"等技术的发展，使得"数字油田"的实现已无技术障碍，但最前线的管理不需要高端的技术，只要能实现对地面设施的快速查询、可增补、可删减、可共享的开放式、界面式、分层式的管理即可。

随着大量空间图像可以共享，又有功能强大的绘图软件的出现，使得通过航拍的地面栅格图像转换为随时编辑的矢量图形变为了可能，为基层采油队实现简单的、高效的、低成本的油田地面设施数字化管理提供了软件基础。

1 GeoMap 和 Google Earth 的主要功能

1.1 GeoMap 的主要功能

GeoMap 地质制图系统基于"图形＝数据＋模板＋观点"核心思想，遵循行业制图标准规范，内嵌丰富的图元符号与模板，具备精确的投影坐标体系，提供强大的数据成图、编辑和输出功能，是适用于勘探、开发、工程等石油专业领域快速、准确、美观、规范的高质量工业制图软件。

GeoMap 具有点、线、面的属性，是其最大的特点之一。GeoMap 中的图层有两种叠合方式：自由叠合和坐标叠合。在自由叠合中不是按照图件坐标的空间关系叠加在一起，而是按照图纸坐标叠合在一起，没有严格的空间概念；在坐标叠合中是严格按照图件坐标的空间关系叠合在一起。GeoMap 还提供了点符号、线型、字体、颜色、填充图案进行编辑的功能。在字体上，可以利用计算机系统本身自带的字体，可对符号采用分类编辑。

GeoMap 提供了 3 种坐标类型：图纸坐标、地理坐标、大地坐标。其中，地理坐标、大地坐标提供了 46 种地球椭球体参数和 30 种地球投影方式，每种投影又有多种变形可供选择。当遇到跨带时，只能用经纬度坐标，否则得到的图框坐标将是错误的。在图形坐标校正时，要求以 3～5 个控制点来对坐标进行校正或定位。

1.2 Google Earth 的主要功能

Google Earth 的影像数据是卫星影像与航拍的数据整合，Google Earth 上的全球地貌影像有效分辨率不超过 100m，通常为 30m 左右，视角海拔高度约为 15km，针对大城市、著名风景区、建筑物区域则会提供分辨率约 1m、视角高约为 500m 和分辨率约 0.6m、视角高度约为 350m 的高精度影像。中国大陆有高精度影像的地区主要是一线、二线城市,对于油区的地貌影像只有普通分辨率,但这种普通分辨率足以满足地面设施完成数字化。

2　基层地面设施管理数字化的建立

2.1　设计思路和构建

通过 Google Earth 提供的卫星影像,结合平台自带坐标或生产现场采集的坐标信息,利用 GeoMap 软件,将局部的卫星影像绘制成同比例的可以编辑的由点、线、面组成的图形要素和模型,通过分层管理的功能将地面设施进行分类显示和管理。

2.2　前期准备与基础资料的收集

准备安装有 Windows7 系统及以上版本并可以上网的电脑一台,下载最新的 Google Earth 软件,并获取最新和最清晰的地面图像;安装 GeoMap3.0 或 3.6 版本,确保可正常使用。查找档案资料,收集所辖区域内地面设施的设计图纸,整理相关的基础台账,并做好现场核实,重点对管廊带、桥梁跨越、桁架上的管线反复确认;还可通过近期的管线维修或工艺改造,核实管线和电缆的走向;另外,有必要可通过探坑,确定管线的分布,使收集的基础资料更加翔实和准确。

2.3　地面设施数字化的建立

运行 GeoMap,在文件菜单里新建图册,并填写相关图册信息,包括标题内容、文件名称和存储路径;根据基层管理机构或组织模式建立文件夹,便于分类和管理,如 XX 采油区—XX 采油队—XX 平台等(图 1)。

存储路径下含有 MAP、IMAGE、BACKUP 等文件夹,总图层的文件后缀名为.LST;其中,各分图件存放在 MAP 文件夹里,后缀为.att 和.GDB;底图存放在 IMAGE 文件夹里,后缀为.bmp 和.3PT,备份文件后缀为.bak,存放在 BACKUP 文件夹里,等等。

运行 Google Earth,在地图中找到需要数字化的生产平台,选择好地图的视角和边界,同时记录能涵盖整个平台及周边地貌的左顶坐标和右底坐标,进行截屏,并保存在 IMAGE 文件夹里,作为底图使用。在底图中确定 4 个及以上的易于识别的点进行坐标

校对,记录好边界和定位点的坐标,若要更精确的坐标,可手持 GPS 仪进行现场取值。

图 1　图册结构树

返回 GeoMap 软件,在相应的文件夹里,将生产平台作为单独对象分别新建图件;对图件的基础信息进行编辑,包括图件的图名、底色、比例、单位、坐标类型、经纬度坐标等(图 2)。椭球体名称为 IAG 75(China 1980),确定坐标投影类型,选择横轴等角切圆柱(高斯克吕格)投影,中央子午 117,分带方法为六度带。将 Google Earth 采集到的边界坐标输入到图件的经纬度坐标内,使 GeoMap 图件与 Google Earth 截取的图像的坐标建立关联并一致。

图 2　编辑新建图件信息

在 GeoMap 图件上加载底图,同时按照在 Google Earth 上拾取的定位点,设置定位点坐标,并将之前记录的坐标位置对应填入坐标参数内进行坐标校正(图3);校正后 GeoMap 图件显示的坐标信息将与 Google Earth 上一致。

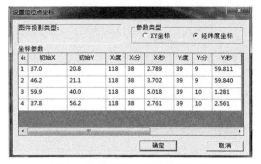

图3 拾取定位点进行坐标校正

对图像进行数字化处理,将栅格图像转换成可以编辑的矢量图形,将地面地貌如平台边界、雨水池、河流、公路、虾池、围堰等自然信息全部绘制在底图里,并用文本格式进行说明;根据需求上述对象可采取线性绘制,也可以采取面状绘制,绘制后的图形可以对颜色、线条进行编辑,简洁、方便辨识为主,同时 GeoMap 可根据不同类型自动测量长度或面积,方便日常使用。再添加边框、比例尺、方向标等元素,完成底图的绘制(图4)。

地面生产设施可通过其他软件绘制统一的易懂的简化图,如抽油机、油井井口、水井井口、配电柜、变压器等(图5),并通过加载图元的方式添加到图件,以文本的形式将井号或名称添加到图件里。

图4 将栅格图像转换成可以编辑的矢量图形

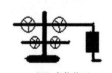

(1)抽油机　(2)油井井口　(3)水井井口　(4)变压器　(5)配电柜　(6)电泵房

图5 生产平台各类设施简化图

2.4 图层分类

GeoMap 最大的功能之一就是对不同类型的对象进行分层管理,各类图层通过坐标进行叠加,形成最终的数字化图件。可以对生产平台里的设备、主管线、单井管线、配电柜、采油井、注水井及自然地貌进行单独绘制,独立形成示意图,也可以任意组合和叠加在一起查看,不受其他对象的影响。

每个图层可以单独显示。编辑时选择对应的图层进行编辑,每次只能对一个图层进行编辑;另外,若编辑的图元不在指定的图层里,可以选择图元,随时调整或移动到相应的图层里;不同的图层之间重复使用的设施可以直接进行复制,不用重复绘制。

图元包含有点、线、面、简化图或图像等,"点"可以反映坐标信息,"线"可以直接测算距离,"面"可以测算面积,方便了管线长度、平台面积的统计。对象的属性参数,还能设置名称,通过颜色加以区分,或通过文本对象加以描述,方便辨识。

线状图层可以描述不同管线的走向,通过现场实测坐标或根据底图具体管线走向进行绘制,一般输油管线采用红色的曲线进行绘制,掺水管线采用绿色的曲线进行绘制,注水管线采用蓝色的曲线进行绘制;平台内的单井管线通过线条的粗细进行区分,单井管线采用不同的曲线类型进行显示,主要采用双线类型同时代表回油与掺水管线;另外,电缆采用黄色的曲线进行绘制,主电缆与单井电缆通过线条的粗细进行区分(图6)。为了区分和绘制不同管线的示意图,可以分图层进行管理。各图层之间的叠加次序可以进行调整,每个图层可见与否可以进行设置,为防止误操作,图层可以单独设置为"只读"状态,避免在编辑时绘制错误的数据。

2.5　辅助功能

GeoMap 具有协调平台管理功能,方便 DXF 文件、MAPGIS 文件、MAPINFO 文件、DFPRAW 文件等的导入。在输出方面也提供了丰富的功能,如直接

输出打印、Windows 元文件输出、位图输出及文件输出和拼版输出,方便图册能随身携带。

基于 GeoMap 软件绘制的图册,基层管理单位如采油队、班组进行数据收集和绘制,管理者通过加载后可推广到采油区级甚至作业区级的管理层面直接使用,可复制性强;不仅在现场日常的管理过程中使用,还可以为作业区在应急组织、土地管理、设备分布、管线走向、敏感区域等方面提供数据扩展(图7),开发出适合不同管理层面需要的图册,这是一个开放的地面数据管理平台,更加符合作业区、采油区、采油队不同层级的管理,值得进一步推广。

（a）叠加前　　　　　　　　　　　（b）叠加后

图 6　代表不同管线的图层叠加后的示意图

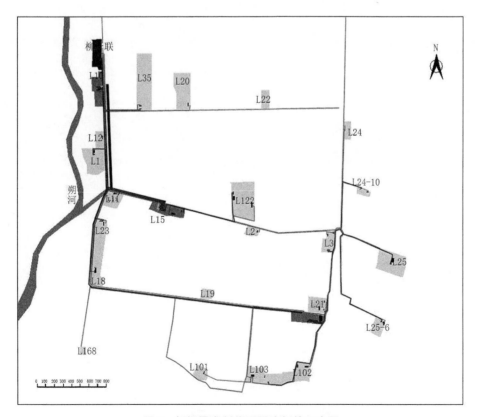

图 7　根据需求制作不同比例的示意图

3 结论

图册绘制完毕后,只要电脑里安装了 GeoMap 软件,都可以进行查看或编辑,方便共享,减少了重复工作量,极大地方便了基层人员的现场管理,增强了管理水平和效率。同时可随时对增加或调剂走的管线和设备设施进行更新,使图册随时与现场实际情况保持一致。

通过 GeoMap 软件绘制的地面设施数字图,仅能对空间数据进行编辑,缺少属性数据的描述,不能对管线的规格、运行、维修等情况进行录入;若要实现真正的地理空间数据和属性数据数字化,则需引入完整的地理系统和平台支持,MapGis、ArcGis、MapInfo 等地理信息系统软件具备更加强大的空间数据处理和分析能力,通过数据库,可以将所有对象的属性数据进行录入,包括单井的生产数据等;同时空间关系还具备拓扑功能,根据特定对象的空间关系,对周边自然环境和范围进行统计、分析,可提供更强大的统计需求;对于现场的管理人员来说,通过 GeoMap 软件所绘制的图册和日常 Excel 台账等,基本能满足大多数地面数据应用的需求;综上所述,基于 GeoMap 和 Google Earth 软件为油田数字化管理提供了基础数据,拓展了工作思路。

参 考 文 献

[1] 郭重辉,顾大军.GeoMap 和 MapGis 两种制图软件系统的应用分析[J].新疆石油天然气,2007,3(2):91-93.

[2] 江昕,秦奋.基于 GoogleEarth 技术的三维 GIS 研究[J].电脑知识与技术,2009,5(36):1027.

[3] 惠立,徐慧,李苗,等.基于 GIS 技术的油田集输管网数字化管理[J].油气储运,2011,30(11):808-810.

作者简介 刘磊(1982—),男,工程师,2005 年 7 月毕业于长江大学地球科学学院;现从事油田地面工程与信息化研究工作。

(收稿日期:2019-11-26   本文编辑:张国英)

Exploration and Practice of Mid-deep Lithologic Reservoirs in Nanpu 4 Structural Belt   2020,(1):1-6

Wu Linna et al(Research Institute for exploration and development, PetroChina Jidong Oilfield Company, Tangshan 063004, Hebei Province)

Abstract:In view of the problems about increasing reserves and production in the mid-deep lithologic oil reservoirs of Nanpu 4 structural belt in Nanpu Sag, the exploration theory of lithologic oil reservoirs is guided, the exploration ideas including the structural background research to find favorable areas for the development of lithologic trap belt, the sequence stratigraphic framework research to determine favorable strata for lithologic trap development, the sedimentary system research to find favorable targets for the development of lithologic reservoirs, the anatomy of known reservoir and construction of lithologic reservoir models, the prediction of dominant reservoirs, identification, and implementation of lithologic traps, and finally the selection of favorable drilling targets are applied in the process of understanding the mid-deep geological characteristics of Nanpu 4 structural belt and further clarifying the exploration potential. Exploration practice confirmed that Well N5, Well N6 and other 4 wells drilled in the mid-deep lithologic reservoirs in the Nanpu 4 structural belt achieve preferable effects, and the exploration ideas formed during drilling such wells can provide practical guidance for the further lithological reservoir exploration in similar areas.

Key words:Mid-deep formation; Lithologic reservoir; Exploration ideas; Exploration practice; Nanpu Sag

Key Technology and Effect of Maturing Wells Potential Logging Evaluation— A Case Study of Shallow Layer in Nanpu 2-3 Block   2020,(1):7-12

Tian Chaoguo et al.(Research Institute for Exploration and Development ,PetroChina Jidong Oilfield Company,Tangshan, 063004,Hebei Province)

Abstract:The growth of low-contrast hydrocarbon formation in Nanpu Oilfield, coupled with the complex reservoir and engineering conditions, makes it very difficult to identify hydrocarbon reservoir.Taking the shallow layer of Nanpu 2-3 block as an example, with the deeper development, the actual production contradicts with the result of logging interpretation, and the nuclear magnetic resonance identification method for thin oil reservoir was not applicable in this area.Through research and practice test, adopting the three key technologies such as designing mud spontaneous potential qualitative identification , construction of isoaqueous oil and gas sensitive plate and nuclear magnetic resonance identification for heavy oil layer, are effective in fine evaluation of old-well logging potential.The technical research and practice in recent years have proved that the oil and gas potential logging evaluation work of old well represented by the shallow layer in Nanpu 2-3 block has achieved practical effect, which provides technical support for increasing hydrocarbon reserves and production.

Key words:Low-contrast oil formation;Spontaneous potential logging;Nuclear magnetic resonance logging;Heavy oil; Potential evaluation

Quantitative Assessment of 3D Geological Models for Complex Fault—block Oil Reservoirs: A Case Study of Reservoir in Block B of Oilfield A in Nanpu Sag 2020,(1):13-20

Zhang Qinglong et al.(Onshore Oilfield , PetroChina Jidong Oilfield Company, Tanghai 063299, Hebei Province)

Abstract: Most of oilfields in the east of China are in the middle and late stages of development.Making clear the remaining oil distribution has become the key task for further development of eastern complex fault block reservoirs, and the high quality geological model is important to accomplish this task.Therefore, it is an urgent problem to evaluate the quality of a model.In order to explain the process of quantitative evaluation of geological model in detail, taking Block B of oilfield A as an example, the representative quantitative evaluation indexes are chosen.The corresponding weight is given to these indexes according to their importance, and the scientific and reasonable threshold value is put forward based on the actual situation. Finally, the 3D geological model is divided into four levels,i.e A, B, C and D ,on the basis of the cumulative score of the indexes.The results show that the final score of the geological model of block B in Oilfield A is 81, belonging to Class B. Among the 10 key parameters selected, 7 of them meet the standard of Class A, with Class B, Class C and Class D accounting for one, respectively. The quantitative evaluation system can not only evaluate the same object or the same type of reservoir scientifically and comprehensively, but also point out the shortcomings of the model through low sub items, so as to propose reliable suggestions to improve the quality of the model.

Key words: Complex fault block reservoir; Quantitative evaluation index; Threshold value; Remaining oil distribution; Three-dimensional geological model

Study and Practice on The Fine Development and Adjustment of Edge and Bottom Water Sandstone Reservoir

2020, (1):21-28

Liu Zhenlin et al.(Research Institute for exploration and development, PetroChina Jidong Oilfield Company, Tangshan 063004, Hebei Province)

Abstract:The traditional pattern which developing and adjusting on original layer and interval system can not satisfy the need of fine development and accurate exploiting potentialities when a series of complex problem brought by the fling of edge and bottom water is exposed. So, the study of fine characterization of single sand layer and identification of isolated interlayer to improve the study accuracy is needed. In order to achieve effective employ of the unemployment reserve and accurate exploiting of potential resource, the technique of formulating one technical policy and countermeasure and well pattern on every isolated interlayer is adopted. The good results that have been achieved in the implementation provide good experience and reference for the efficient development of similar reservoirs.

Key words: Edge and bottom water sandstone reservoir; One layer one countermeasure one pattern of well; Fine development; Development and adjustment

Experimental Study on Compatibility of Injected Water and Reservoir—A Case Study of Well Nanpu 13-52 2020, (1):29-36

Xin Chunyan et al (Research Institute for exploration and development, PetroChina Jidong Oilfield Company, Tangshan 063004, Hebei Province)

Abstract:Waterflooding is the first choice to displace crude oil, tomaintain formation pressure and to improve reservoir development effectively. However, one of the key factors of waterflooding is the compatibility between injected water and reservoir. In view of the production problems of some wells in Nanpu 1-5 area, such as the water injection pressure increasing, the water absorption index decreasing and the liquid production decreasing year by year. The cores from Nanpu 13-52 well and its injected water are taken as the research object, and the reservoir characteristics, the injected water quality evaluation, the stability evaluation and the dynamic compatibility between injected water and reservoir are studied. The experiments could define the damage degree of injected water to reservoir, the water quality index of injection water,and the choice of injection water source , which can establish foundation for the study of reservoir protection and augmented injection, so as to reduce the cost of crude oil production and improve the economic benefit of Oilfield.

Key words: Injected water; Reservoir; Water quality analysis; Compatibility

Research and Application of CO_2 Miscible Fracturing Technology to Enhance Recovery in Deep Tight Reservoirs 2020, (1): 37-42

Gong Lirong et al. (Research Institute for Exploration and Development, PetroChina Jidong Oilfield Company, Tangshan, 063004, Hebei Province)

Abstract: In order to explore the supplying energy technology for deep tight reservoir, the EOR technology of CO_2 flooding was studied with $Es_3^{2+3}V$ of Gao5 fault block in Gaoshangpu deep formation as the research object. The study shows that most oil wells of Formantion $Es_3^{2+3}V$ of Gao 5 fault block have been shutin or in low production stage due to small pore throat, poor connectivity and high single-phase starting pressure. At present, the recovery degree is only 3.98%, and the daily oil production of single well is 2.1t. Based on theoretical research, laboratory experiments and other methods, CO_2 is injected rapidly through fracturing, and is mixed with crude oil under formation pressure, so as to reduce the seepage resistance of crude oil, supply energy and improve the displacement efficiency. The field application shows that this technology can achieve effective displacement of tight reservoir, and the research results can provide guides for improving the development effect of similar reservoirs.

Key words: Tight reservoir; CO_2 flooding; Miscible fracturing; Enhance oil recovery

Optimize Thermal Washing and Cleaning Wax Using Well Temperature Test Data 2020, (1): 43-47

Liu Lei et al. (Onshore Oilfield, PetroChina Jidong Oilfield Company, Tanghai 063299, Hebei Province)

Abstract: The average wax content and glial asphaltene content of the crude oil in Gao 5 fault block are higer, about 20%. The annual wax deposition thickness of the oil wellwall is about 3-5cm during production. In order to avoid the wax deposition affecting production, the regular work for wax removal is required. At present, the three-step thermal cleaning method used in the field is not completely effective, and the maintenance effect is not good, which result in a shorter period of pump inspection. Based on the analysis of the principle of heat conduction in the process of heat washing and the well temperature test data during well washing, this paper finds out the problems and innovates a two-step thermal washing method, which increases the well washing volume and defines the basis for judging whether the wax is cleaned completely. After the method was applied in Gao5 fault block, the pump inspection period of oil well is extended 130 days, and the effect is very good.

Key words: Wax deposition in wellbore; Thermal washing for oil well; Heat conduction; well temperature test; Pump inspection period

Research on The Optimization Design of Anticollision for Dense Cluster Well Drilling in Artificial Island 2020, (1): 48-53 Hou yi (Research Institute for Drilling and Production Technology, PetroChina Jidong Oilfield Company, Tangshan, 063004, Hebei Province)

Abstract: The dense cluster well is characterized of large well pattern density and narrow spacing between wells, the anti-collision problem is a major difficulty. With the development of oilfield, the number of wellheads in the original overall design and construction cannot meet the requirements of deploy for drilling infill development, so it needs to add mass new wellheads in the existing space. The deployment without overall planning greatly increases the design and operation difficulties of borehole trajectory anti-collision during drilled, and the collision risk is much higher than conven tional wells. To achieve the safe crossing of hole trajectory, a set of dense cluster well anti-collision technology for infilling and adjusting wells has been developed by use of some key technologies such as wellhead optimization, anti-collision design of hole trajectory, building quantitative assessment model of infill well risk and software-assisted calculations, etc, which is the significant reference for the anti-collision design and construction of infilling drilling of maturing platforms in other areas.

Key words: Dense cluster well; Borehole trajectory; Anti-collision; Drilling risk; Quantitative evaluation

Development and Performance Evaluation of High—Strength Temporary Plugging Agent 2020, (1):54-58

Du Fanglan (Research Institute for Drilling and Production Technology, PetroChina Jidong Oilfield Company, Tangshan 063000, Hebei Province)

Abstract: After fracturing production of low permeability reservoir for a period of time, the oil production is reduced. According to the higher recovery degree of crude oil in the drainage area controlled by artificial fractures and low recovery degree of remaining oil outside the drainage area, this paper develops a high strength temporary plugging agent used in the refracturing of low permeability reservoir, which can plug the old fractures while form new fractures to improve the single well production. The performance of high-strength temporary plugging agent is evaluated in the laboratory, the experimental results are as follows: roundness and sphericity are 0.9, compressive strength is 39.01 MPa, and the temporary plugging rate in fractures is 99%.

Key words: High-strength temporary plugging agent; Low permeability reservoir; Evaluation in the laboratory

Research on Integrated Technology of Intelligent Surface in Jidong Oilfield 2020, (1):59-63

Rong Boxiang et al. (Research Institute for Survey and Design Technology, PetroChina Jidong Oilfield Company, Tangshan 063004, Hebei Province)

Abstract: Based on the actual production of Jidong Oilfield, combined with the specific technologies of smart wellhead, smart field and pipeline network, this paper makes an in-depth exploration on the management elements of intelligent oilfield, such as comprehensive perception of surface, data sharing and smart decision-making, and studies the smart surface function scheme with the characteristics of Jidong Oilfield, so as to realize the deep integration of digitalization and informatization, then make a solid foundation for Jidong Oilfield transforming from digitalization to intelligence.

Key words: Internet of things for oil and gas production; Intelligent oilfield; Smart surface

Digitalization of Primary Level Management on Ground Facilities through GeoMap and Google Earth 2020, (1): 64-68

Liu Lei (Onshore Oilfield, PetroChina Jidong Oilfield Company, Tangshan 063200, Hebei Province)

Abstract: The image data provided by the Google Earth could allow the uneditable raster image of the ground facilities be converted into editable vector image through common drawing tools such as GeoMap. Visualized factors such as point, line and surface are used to describe ground facilities including production platform, wellhead, pumping unit, distribution cabinet, pipeline and cable. Visual spatial information is established to realize the layered editing, management, display and query of ground facilities, which facilitates the management and query.

Key words: Ground facilities; Primary level management; Digital oilfield; GeoMap; Google Earth

English Editor: Zhang Xuehui